让孩子爱上科学实验

光会搞怪

纸上魔方◎编绘

上海科学技术文献出版社
Shanghai Scientific and Technological Literature Press

图书在版编目(CIP)数据

光会搞怪 / 纸上魔方编绘. — 上海：上海科学技术
文献出版社，2023
（让孩子爱上科学实验）
ISBN 978-7-5439-8834-7

Ⅰ.①光…　Ⅱ.①纸…　Ⅲ.①光学—儿童读物
Ⅳ.①O43-49

中国国家版本馆 CIP 数据核字（2023）第 087931 号

组稿编辑:张　　树
责任编辑:王　　珺

光会搞怪

··

纸上魔方　编绘

··

*
上海科学技术文献出版社出版发行
（上海市长乐路 746 号　邮政编码 200040）
全 国 新 华 书 店 经 销
四川省南方印务有限公司印刷
*
开本 700×1000　　1/16　　印张 10　　字数 200 000
2024 年 1 月第 1 版　　　2024 年 1 月第 1 次印刷
ISBN 978-7-5439-8834-7
定价:49.80 元
http://www.sstlp.com

前言

//

在生活中，你是否遇到过一些不可思议的问题？比如被敲击一下就会伸腿前踢的膝盖，怎么用力也无法折断的小木棍；你肯定还遇到过很多不解的问题，比如天空为什么是蓝色而不是黑色或者红色，为什么会有风雨雷电；当然，你也一定非常奇怪，为什么鸡蛋能够悬在水里，为什么用吸管就能喝到瓶子里的饮料……

我们想要了解这个神奇的世界，就一定要勇敢地通过实践取得真知，像探险家一样，脚踏实地去寻找你想要的那个答案。伟大的科学家爱因斯坦曾经说："学习知识要善于思考，思考，再思考。"除了思考之外，我们还需要动手实践，只有自己亲自动手获得的知识，才是真正属于自己的知识。如果你亲自动手，就会发现膝跳反射和人直立行走时的重心有关，你也会知道小木棍之所以折不断，是因为用力的部位离受力点太远。当然，你也能够解释天空呈现蓝色的原因，以及风雨雷电出现的原因。

一切自然科学都是以实验为基础的，让小朋友从小养成自己动手做实验的好习惯，是非常有利于培养他们的科学素养的。在本套丛书中，读者将体验变身《化学魔法师》的乐趣，跟随作者走进《人体大发现》，通过实验认识到《光会搞怪》《水也会疯狂》，发现《植物有睡气》《动物真有趣》，探索《地理的秘密》《电磁的魔性》以及《天气变变变》的奥秘。这就是本套丛书包括的最主要的内容，它全面而详细地向你展示了一个多姿多彩的美妙世界。还在等什么呢，和我们一起在实验的世界中畅游吧！

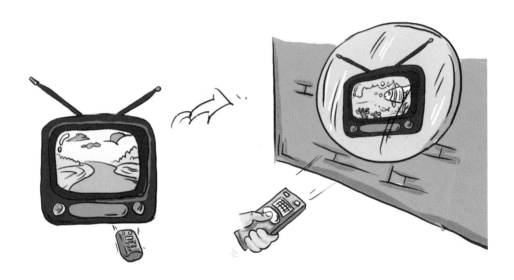

目 录

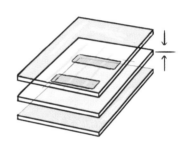

你也能做漂亮的"万花筒"

需要准备的材料：

☆ 一些彩色碎纸屑或彩色玻璃弹子

☆ 三面镜子

☆ 一把剪刀

☆ 一块纸板

☆ 一圈胶布

☆ 一张透明薄膜

◎ **实验开始：**

1．用胶布将三面镜子组成三棱柱，镜面朝里；

2．用剪刀在纸板中央剪一个小孔，然后将硬纸片贴在三棱柱的一端；

3．将彩色碎纸屑或彩色玻璃弹子装进纸筒中，然后再用透明薄膜封上；

4．对着光线，透过小孔，然后慢慢地转动万花筒，观看里面是什么现象。

◎有趣的发现：

你会发现，纸筒中彩色碎纸屑或彩色玻璃弹子，在三棱镜上连续多次反射，形成无数的碎屑或弹子虚像，组成一幅幅彩色的图案。

嘉嘉："我们自己也可以用废品创造奇迹啊！"

丹丹高兴得直跺脚："哇塞，好漂亮的万花筒啊！"

皮皮："还是让孔墨庄叔叔给我们讲讲，这究竟是怎么回事吧！"

孔墨庄叔叔："好吧！你们别看这个万花筒很漂亮，其实它运用的却是简单的平面镜原理，平面镜你们都见过，我们平时照的镜子就是平面镜。平面镜具有反射光线的作用。当我们把万花筒的底部朝向比较亮的地方时，光线就会照射在彩色碎纸屑的上面。这些彩色碎纸屑会被镜子反射形成等大的像。这样，三面镜子互相反射，再一次地成像。不过无论我们怎样转动万花筒，这些图案的成像规则都是一样的，所以彩色的碎纸屑在转动的过程中形成的图案随着万花筒的转动就不一样。"

平面镜的应用

在我们的日常生活中，平面镜是我们密不可分的好朋友，它与我们的生活非常紧密，有广泛的作用，比如我们家里用的穿衣镜、练功房里墙壁四周的镜子、牙医检查牙齿时放入我们嘴里的小镜子等都是平面镜；在一些由镜子制成的仪器，如潜望镜、显微镜、投影仪里也都有平面镜。

丹丹："我想，如果在万花筒中放入白纸撕的碎屑，那我们应该看见什么呢？"

皮皮："那还用问，肯定是看到了大大的爆米花团！"

向你"走来"的影子

需要准备的材料：

☆ 一面和自己身高一样高的镜子

◎ **实验开始：**

1. 站在镜子的远处，观察镜子里自己的大小；

2. 站在镜子的近处，再观察镜子里自己的大小；

3. 从远处走向镜子，观察镜子中自己的变化。

◎有趣的发现：

你会发现，当自己站在远处的时候，镜子中的自己比较小；当自己站在镜子近处的时候，镜子中的自己比较大；而从远处走向镜子的时候，自己在镜子中的像越来越大。

皮皮努努嘴说："这个现象我早就发现了！"

丹丹："这说明，镜子中的'自己'跟我们是一模一样的喽！"

孔墨庄叔叔回答道："这么说吧，假如从远处走过来一个人，你们一开始看到是一个小的黑影，慢慢地这个影子就会变得越来越大，当你走到镜子跟前时，镜子中的影子会变得更大。但是事实上，刚才的小黑影和走到你面前的人是一样大的。这是因为平面镜所成的像和物体是以镜面对称的，因此当人慢慢地走向镜子的时候，像也跟着在慢慢地靠近镜面，我们感觉到的图像'近大远小'实际上不过是一种视觉效果罢了。"

平面镜成像的原理

平面镜成像遵从的是光的反射定律。当我们站在镜子面前，光线照射到我们的身上，这些光线又被反射到了镜面上，而镜面再将光线反射到我们的眼睛里，所以我们在平面镜中看到了与自己同样大小的"像"。

平面镜成像有如下的特点：平面镜中所成的像和镜子前的物体等大，而且距离相等，像和物体的大小相等。也就是说，像和物体相对镜面来说是对称的。

嘉嘉："皮皮，你还能说出光的反射在生活中的运用吗？"

皮皮："当然能。比方说，我黑夜里去爸爸屋子，发现他的大光脑袋在月光下闪闪发亮！"

6

把旧光盘当"镜子"

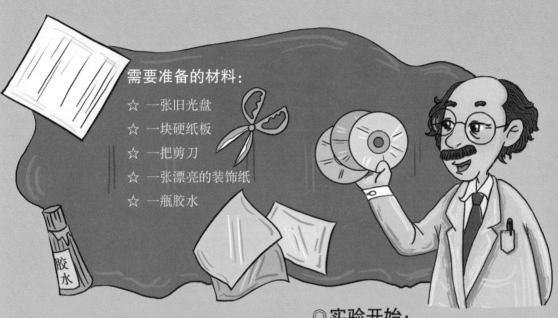

需要准备的材料：

☆ 一张旧光盘
☆ 一块硬纸板
☆ 一把剪刀
☆ 一张漂亮的装饰纸
☆ 一瓶胶水

◎ **实验开始：**

1．用胶水将自己喜爱的装饰纸粘贴在硬纸板上包装好；

2．将硬纸板剪成两个大小一样的小正方形纸板；

3．然后从其中的一个正方形纸板上一条边的正中间位置剪一个豁口，在另一个纸板上的相邻的两条边上的正中间位置分别剪一个豁口；

4．将两个纸板的豁口卡上，使两个纸板固定住；

5．将旧光盘插在有两个豁口的纸板上。

◎有趣的发现：

你会发现，当你照镜子的时候，自己的
脸会清晰地印在旧光盘上面。

皮皮："是啊，比别的镜
子更别致，更有个性！"

嘉嘉："我家的旧光盘太
多了，真是没想到还能变
成漂亮的小镜子！"

丹丹："为什么旧光盘
能照到我们自己？"

孔墨庄叔叔："你们知道吗？光的反射可以
分为两种：一种是漫反射，另一种叫镜面反
射，而我们的旧光盘能照自己则是因为它的
表面非常光滑，发生的是镜面反射。我给你
们解释下镜面反射你们就理解了：当一束平
行光射到平面镜上的时候，它们的反射光
也是平行的，这种反射就叫作镜面反射。镜
面反射所成的像恰好符合平面镜成像的特
点——正立、等大，所以我们利用这个原理
能轻松地将旧光盘等当镜子来照。"

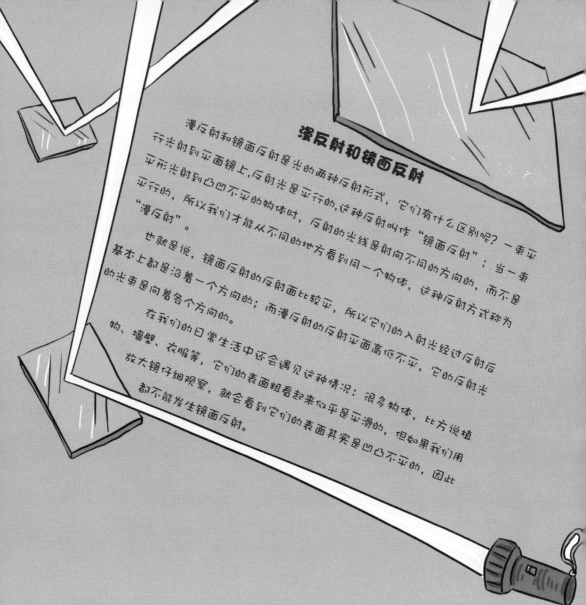

漫反射和镜面反射

漫反射和镜面反射是光的两种反射形式，它们有什么区别呢？一束平行光射到平面镜上，反射光是平行的，这种反射叫作"镜面反射"；当一束平形光射到凸凹不平的物体时，反射的光线是射向不同的方向的，而不是平行的，所以我们才能从不同的地方看到同一个物体，这种反射方式称为"漫反射"。

也就是说，镜面反射的反射面比较平，所以它们的入射光经过反射后基本上都是沿着一个方向的；而漫反射的反射平面高低不平，它的反射光的光束是向着各个方向的。

在我们的日常生活中还会遇见这种情况：很多物体，比方说植物、墙壁、衣服等，它们的表面粗看起来似乎是平滑的，但如果我们用放大镜仔细观察，就会看到它们的表面其实是凹凸不平的，因此都不能发生镜面反射。

嘉嘉："皮皮，你发现没有，在我们的日常生活中，除了旧光盘能当镜子意外，还有好多东西能让我们照见自己，比方说盛在盆里的清水、吃饭用的勺子……"

皮皮："是啊，我觉得如果把皮鞋擦得亮亮的，也能当镜子用！"

镜子和纸比亮堂

需要准备的材料：

☆ 一面梳妆镜

☆ 一张白纸

☆ 一支手电筒

◎实验开始：

1. 走进一间黑屋子里，打开手电筒；

2. 用手电筒分别照镜子和白纸，看一看它们到底哪个更亮。

◎**有趣的发现：**

你会发现，原本以为是镜子亮，现在白纸却看起来更亮些。

丹丹眨眨眼睛说："可是镜面确实是比白纸看起来更亮啊！"

嘉嘉："难道是镜面后面的那层水银在作怪？"

皮皮："是啊，而且镜子看起来还比以往黑了些呢！"

孔墨庄叔叔回答说："我们平时所看到的东西，总是有的光线照射到光滑的表面上，有的光线照射到粗糙的表面上。它们所反射的光是不同的。光滑的表面反射后的光线很规则，它们反射后会沿着一个方向；但是光照在不光滑的表面会是什么情况呢？我就拿白纸举个例子来说吧，由于纸的表面是凹凸不平的，这时的光就会被反射到不同的方向去，这就叫漫反射。镜子反射的光是一条直线，镜面反射的光仍沿原路返回，而纸可以向四面八方反射光线，所以看起来白纸比镜子亮了。"

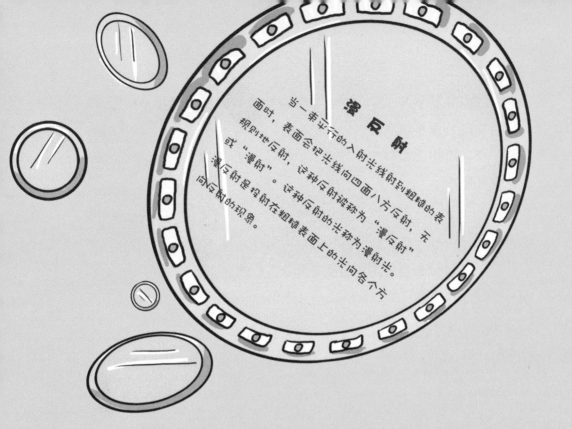

漫反射

当一束平行的入射光线射到粗糙的表面时，表面会把光线向四面八方反射，无规则地反射，这种反射被称为"漫反射"或"漫射"。这种反射的光称为漫射光。漫反射是投射在粗糙表面上的光向各个方向反射的现象。

　　皮皮和嘉嘉在照相馆帮别人照相。在他们前面拍照的是一个满脸都是青春痘的男孩，只见这个男孩不停地摆弄着自己的姿势。

　　皮皮努努嘴说："光线照到他的脸上会发生漫反射，不管他怎么摆弄，我们都能把他的痘痘看得很清楚！"

神奇的"颠倒世界"

需要准备的材料：

☆ 一面凹面镜

☆ 一张卡纸

☆ 一本书（或者一个支架）

◎实验开始：

1．在窗户边的桌子上放一面凹面镜，让镜面对着窗户；

2．选几本书或者支架帮助卡纸立起来；

3．把带有支架的卡纸放在凹面镜的斜对面。

◎ **有趣的发现:**

调整凹面镜与卡纸的位置,你将会在卡纸上看见窗户呈倒立清晰的像。

皮皮:"咦,怎么会形成一个倒立的图像!"

嘉嘉已经吃惊地瞪大了眼睛。

丹丹:"真是太神奇了,这到底是什么原因呢?"

孔墨庄叔叔微笑着说:"这个'颠倒影像'的形成与凹面镜的成像原理有关。当光线落在凹面镜上时会发生反射,但是凹面镜不能像平面镜一样反射出水平的光线来,它的特点是能将平行的光线汇聚,根据这个原理,它所有的反射光线组成的影像正好相反地落在卡纸上,这就形成了我们在卡纸上看到的'倒立'的窗户。"

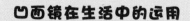

凹面镜在生活中的运用

凹面镜在我们日常生活中的运用范围很广，我国古代的人就已经懂得如何使用它了，比如有一种被称为"阳燧"的凹面镜是远古的人用来取火的工具。

根据凹面镜能使平行光束汇聚的原理，聪明的人类将凹面镜制成太阳灶，这样就可以用汇聚的太阳光烧水、煮饭了，这种太阳灶既能节省燃料，又不污染环境。凹面镜还可以被制成望远镜，人们利用凹面镜能够把来自宇宙空间的微弱星光汇聚起来进行观测。中国科学院国家天文台兴隆观测站安装的反射式望远镜的口径为2.16米，是远东最大的天文望远镜，它能看到很弱的星光。

烤鸭店里，丹丹噘着嘴对皮皮说："我真想亲眼看看蝙蝠是怎么倒挂着睡觉的，可是我们却很难见到这种动物！"

皮皮："那有什么难的？你看那只被拔了毛的烤鸭，像不像不长羽毛的蝙蝠？把凹面镜拿来，对着烤鸭照照，这就是最现成的例子啊！"

树木和骆驼的倒影

需要准备的材料：

☆ 一块长1.5米、宽20厘米的平滑铁片

☆ 几根木棍

☆ 少许沙子

☆ 一张深色的纸

☆ 一块毛玻璃

☆ 一支手电筒

☆ 三只小煤球炉

◎ 实验开始：

1．找一间不通风的屋子，将铁片横放在木棍做成的小柱子上；

2．在薄铁片上撒薄薄的一层沙子，做成沙漠型的表面；

3．让妈妈帮忙将深色的纸剪成树和骆驼的形状，贴在毛玻璃上；

4．将玻璃板垂直铁片放在其一端，保持树和骆驼露在沙层上面；

5．在玻璃板的后下方，用手电筒向上照射；

6．让妈妈帮忙用煤球炉放在铁片下面加热。

◎有趣的发现：

当加热到一定程度时，会发现沙面下方出现树和骆驼的倒影。

皮皮："嘿，这个实验真有意思！"

孔墨庄叔叔说："你们先听我讲小树和骆驼的倒影是怎么形成的：加热到一定程度的时候，从铁片上升起的空气，要比它上面的空气温度高。这时候的光线就改变了原来的方向，向我们的眼睛'弯曲'，我们看到的树和骆驼的倒影，其实是空气在沙面下方折射出来的结果。"

奇妙的"海市蜃楼"

　　去过海边的小朋友也许见过也听说过"海市蜃楼"：在遥远的一望无际的海平面上，突然就出现了远山、船舶、庙宇、楼阁等景物。这是怎么回事呢？科学上的解释是这样的：夏天时海面上空气的温度比空中空气的温度低，两层空气的湿度也不同。因此，下层空气的密度比上层的大，折射率也比上层空气大。当远处景物的光线射到天空中的时候，光线就会在两层界面处发生全反射，于是人们就会看到很远处的景物图像悬在空中，这就是我们所看见的"海市蜃楼"。

　　嘉嘉："皮皮，你还能在生活中举一些海市蜃楼的例子吗？"

　　皮皮："当然能。比方说，我们在餐厅里等着吃久久未到的牛排！"

　　嘉嘉："不明白！"

　　皮皮："唉，就是你肚子很饿了，等着久久没到的牛排，忽然看见盘子里面貌似有，定睛一看，只不过是自己的幻想！"

"飞"到天花板上的"星星"

需要准备的材料:
☆ 一个鞋盒
☆ 一支手电筒
☆ 一枚钉子

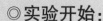

◎实验开始:

1. 将鞋盒的盖子取下;

2. 用钉子在盖子上面打几个小孔,可以将小孔排成你自己喜欢的图案;

3. 在跟鞋盒对应的盒底上再钻一个孔洞,孔洞的大小和手电筒的大小相似,能将手电筒从里面钻出来,但是也不能让手电筒掉下去;

4. 放手电筒的孔洞的位置最好与星座图案的中央位置相对应;

5. 盖上鞋盒的盖子,将屋里的灯关掉,然后打开手电筒,将盖子对着天花板。

◎有趣的发现：

你会发现，天花板上出现了美丽星空。

嘉嘉："这个实验真奇妙！"

皮皮眼睛发直："真是美呆了，不可想象！"

丹丹："这运用的是小孔成像的原理吗？"

孔墨庄叔叔微笑着点点头说："丹丹说得对！我们知道，光在均匀的介质中是沿直线传播的。举个例子来说吧，在雾天的时候，我们能够看到汽车头灯照出来的光线是直的。所以，光线能够通过小孔笔直地射到天花板上，这样，我们就能在天花板上看见手电筒通过小孔的光，也就是那些'美丽的星星'喽！"

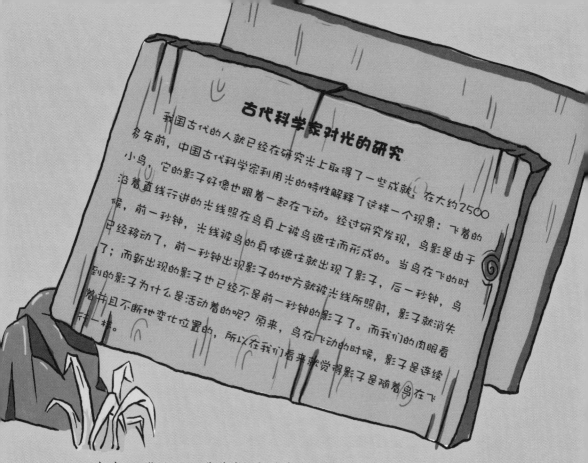

古代科学家对光的研究

我国古代的人就已经在研究光上取得了一些成就。在大约2500多年前，中国古代科学家利用光的特性解释了这样一个现象：飞着的小鸟，它的影子好像也跟着一起在飞动。经过研究发现，鸟影是由于沿着直线行进的光线照在鸟身上被鸟遮住而形成的。当鸟在飞的时候，前一秒钟，光线被鸟的身体遮住就出现了影子，后一秒钟，鸟已经移动了，前一秒钟出现影子的地方就被光线所照射，影子就消失了；而新出现的影子也已经不是前一秒钟的影子了。而我们的肉眼看到的影子为什么是活动着的呢？原来，鸟在飞动的时候，影子是连续着并且不断地变化位置的，所以在我们看来就觉得影子是随着鸟在飞行一样。

皮皮："丹丹，我真想看隔壁班那个胖子倒立的样子！"

丹丹："哈哈，那可真有难度。不过，我可以帮助你，在易拉罐上钻个小孔，从小孔里观察他啊。"

皮皮："天啊，科学太神奇了！"

"调皮"的变色小球

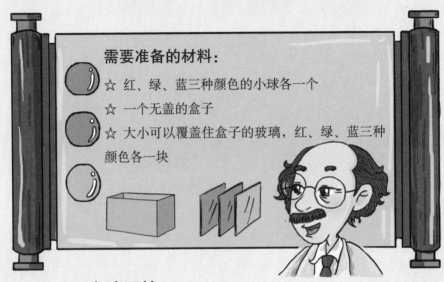

需要准备的材料:

☆ 红、绿、蓝三种颜色的小球各一个

☆ 一个无盖的盒子

☆ 大小可以覆盖住盒子的玻璃,红、绿、蓝三种颜色各一块

◎ 实验开始:

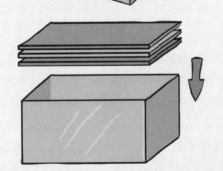

1. 把红、绿、蓝三种颜色的小球放进无盖的盒子里;

2. 把红色的玻璃盖在盒子上,观察并记录你所看到的三个小球的颜色变化;

3. 拿掉红色玻璃,换上蓝色的玻璃,然后观察并记录三个小球的颜色变化;

4. 拿掉蓝色玻璃,换上绿色玻璃,再次观察并记录三个小球的颜色变化;

5. 最后,将三块玻璃叠加起来放在盒子上,观察三个小球变成了什么颜色。

◎有趣的发现:

你会发现，当把红色的玻璃盖在盒子上时，盒子中的红色小球变成了白色，绿、蓝两种颜色的小球变成了黑色；换上绿色的透明玻璃后，盒子中的绿色小球变成了白色，红、蓝两种颜色的小球变成了黑色；换上蓝色的小球后，盒子中的蓝色小球变成了白色，红、绿两种颜色的小球变成了黑色；将三种颜色的玻璃叠加起来放在盒子上面时，三个小球全都变成了白色；而将三块玻璃抽掉以后，三个小球还是原来的颜色。

皮皮："嘿，这个实验真有意思！"

嘉嘉："相同颜色叠加在一起，我原以为颜色会加深的！"

丹丹也晃着头："三种颜色的玻璃叠加在一起，怎么反而让三个小球变成白色了呢？"

孔墨庄叔叔神秘地说："其实，小球变色的奥秘并不在玻璃怎么叠加上。我用红色透明玻璃做例子给你们解释吧：当我们用红色的透明玻璃盖在盒子上时，白光就投射到红色玻璃上，玻璃透过光谱中的一部分红光，吸收了其他的光，所以透过红色玻璃我们能看见的是红光。当红光射到红色小球上时，大部分光线都被反射了回来，看上去就像是白色的。当红光投射到绿色或者蓝色小球上时，几乎没有光被反射回来，所有的光都被吸收了，所以小球看上去是黑色的。这下你们明白了吧！"

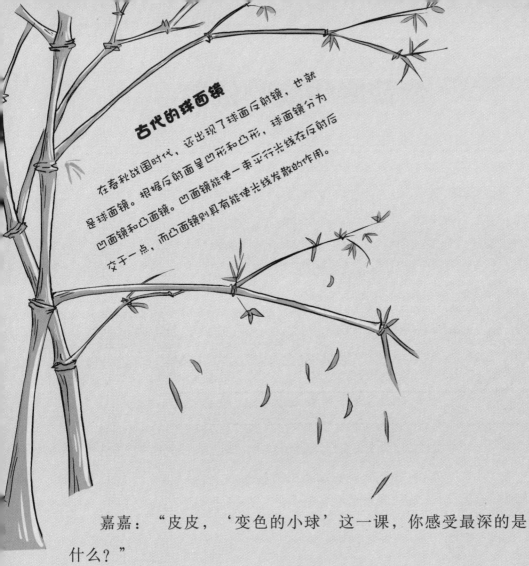

古代的球面镜

在春秋战国时代，还出现了球面反射镜，也就是球面镜。根据反射面呈凹形和凸形，球面镜分为凹面镜和凸面镜。凹面镜能使一束平行光线在反射后交于一点，而凸面镜则具有能使光线发散的作用。

嘉嘉："皮皮，'变色的小球'这一课，你感受最深的是什么？"

皮皮漫不经心地说："人类的眼睛有时候是不能相信的！"

会变色的旋转圆盘

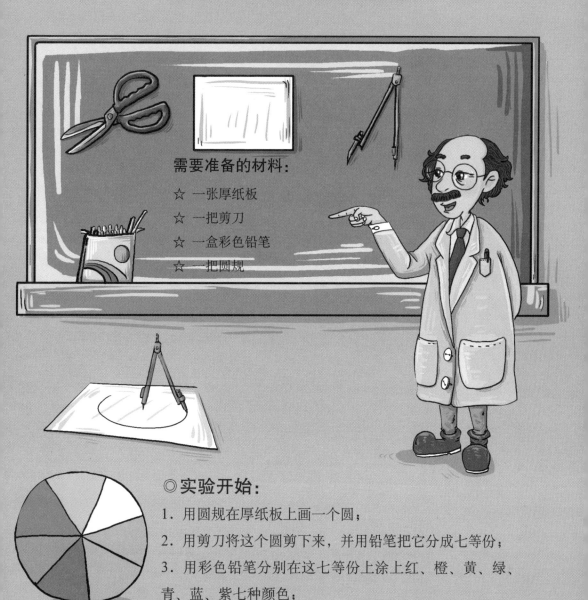

需要准备的材料：

☆ 一张厚纸板

☆ 一把剪刀

☆ 一盒彩色铅笔

☆ 一把圆规

◎实验开始：

1. 用圆规在厚纸板上画一个圆；

2. 用剪刀将这个圆剪下来，并用铅笔把它分成七等份；

3. 用彩色铅笔分别在这七等份上涂上红、橙、黄、绿、青、蓝、紫七种颜色；

4. 取出其中一支彩色铅笔，将其从圆纸板的圆心穿过，做成陀螺，然后旋转它。

◎ 有趣的发现：

你会发现，在旋转的过程中，彩色的陀螺变成了白色。

丹丹："起码也得出现一个颜色深的呀！"

孔墨庄叔叔说："我们平时看见的阳光虽然是白色的，但是它们是由红、橙、黄、绿、青、蓝、紫七种颜色组成的。当陀螺旋转的时候，这七种颜色会进入我们的眼睛，在我们的视觉中重叠在一起，所以，我们看这个陀螺就感觉是白色的。

皮皮："原来是这样啊，我一直以为，旋转起来的陀螺是五颜六色的！"

嘉嘉："这里面的科学原理应该是相当的深奥吧？"

丹丹穿着一件花裙子在屋子里面转着圈。

皮皮："你在干什么?"

丹丹："我的裙子上有很多颜色,转起来是不是也会形成白色呢?"

皮皮："那得等你真的转得和陀螺一样快才能知道。不过,恐怕那时候我连你的脸在哪里也看不见!"

色光三原色

在我们的日常生活中所看见的颜色大部分是由三种基本颜色按照不同比例混合而成的,它们是红、绿、蓝三原色。我们人的肉眼则是根据所看见的光的波长来识别颜色的。这三种光以相同的比例混合,且达到一定的强度,我们看到的颜色就变成了白色;三种光的强度均为零,就成了我们肉眼看见的黑色。

奇形怪状的影子

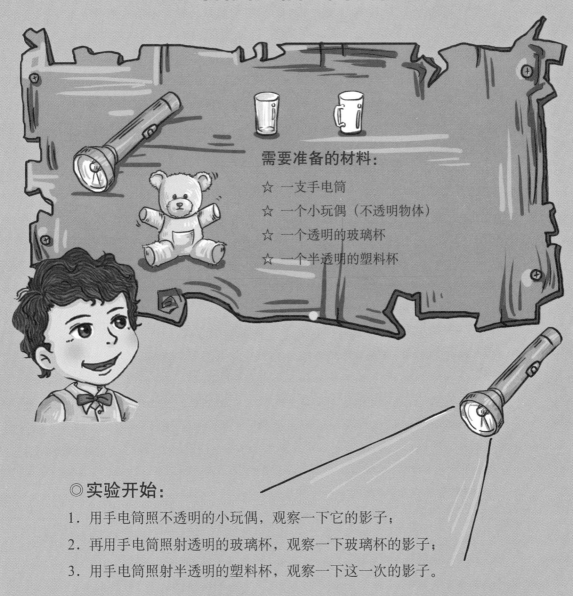

需要准备的材料：

☆ 一支手电筒

☆ 一个小玩偶（不透明物体）

☆ 一个透明的玻璃杯

☆ 一个半透明的塑料杯

◎ 实验开始：

1. 用手电筒照不透明的小玩偶，观察一下它的影子；

2. 再用手电筒照射透明的玻璃杯，观察一下玻璃杯的影子；

3. 用手电筒照射半透明的塑料杯，观察一下这一次的影子。

◎有趣的发现：

你会发现，小玩偶有一个黑色的影子，玻璃杯没有影子，塑料杯有一个半透明的影子。

嘉嘉："我很少观察到有半透明的影子！"

皮皮："传说中的鬼没有影子，难道它们的身体是透明的吗？"

丹丹："这其中的奥秘又在哪里呢？"

孔墨庄叔叔回答道："光透过各种不同的物体，形成的影子也是有差别的，这里恰好将三种情况都演示了：当光在直线传播时如果被不透明物体挡住，就会在物体背面形成影子；但是，光可以完全透过透明物体，所以完全透明的物体不能形成影子；光穿过半透明的物体时会透出一部分光，于是我们就看到了一个半透明的影子。"

影子的妙用

其实，古代的中国人就已经懂得怎样用影子了。我们的祖先制造了圭表和日晷，通过测量日影的长短和方位，判断现在是什么季节，大概是几点。他们还在天文仪器上安装窥管，这样能够更好地观察天空中的星星，测量恒星的位置。

不知道小朋友们有没有看过由皮影戏制作的动画片，皮影戏就是我国古代的人利用光照射不透明的物体时，物体能形成影子这一特点发明的。

皮皮正在得意洋洋地给丹丹看自己用录像机拍下来的影子故事：

只见远远的"小山"中，突然蹿出来一条粗壮的"蛇"！

丹丹拍着双手叫道："好棒，好棒啊，能告诉我你是怎么制作的吗？"

皮皮骄傲地回答："蛇头是我自己的双手摆弄的，这个圆顶小山是我爸爸的肚皮。我在他熟睡的时候将被子全压在他胸前，这就是你看到的远处的小山。"

自己到底是什么模样

x2

需要准备的材料:

☆ 两面大小相同的带框镜子

☆ 一支黑色水彩笔

◎实验开始:

1. 先用水彩笔在自己的脸上画一个实心小圆点,然后拿出其中的一面镜子观察自己的脸,看一下自己脸上黑色斑点的位置;

2. 将两面镜子的一条边对好;

3. 对好的这条边为中轴线,调整两面镜子夹角的角度,直到在这两面镜子中都能看见自己为止。

◎ 有趣的发现：

你会发现，从这两面镜子中看自己，发现脸上小圆点的位置和刚才看到的恰好相反。

嘉嘉："丹丹，你看我眼皮上被蚊子咬的疙瘩在左边还是右边？"

丹丹："在右边！"

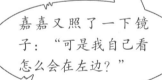

嘉嘉又照了一下镜子："可是我自己看怎么会在左边？"

皮皮漫不经心地说："疙瘩的最终位置还是以我们看见的为准！"

孔墨庄叔叔说："没错！镜子中的自己其实并不是'真实的自己'，它反映出的我们脸上的一切恰好跟我们看到的位置是相反的。那么，两面镜子叠放在一起，为什么会看到不一样的景象呢？将两块镜子摆放在一起，照在镜子中的物体就会连着发生两次反射，我们看到的'自己'就是经过两次反射以后的！也就是说，左边的镜子让你的脸左右颠倒过来，而右边的镜子却把左边镜子中的像颠倒了过来。这时候我们看到的才是真实的自己！其实，我们每个人的左右两张脸都不是对称的。所以，有时我们突然看见镜子中的自己时，还会感觉怪怪的呢！"

皮皮眯着眼睛说："很多东西用一面镜子我们就能看到它的本来面目！"

孔墨庄叔叔："好啊，那你就举一些例子吧！"

皮皮："旺仔QQ软糖、真知棒、德芙巧克力、薯片……"

"……"

"篡改文字"的镜子

需要准备的材料：

☆ 几张小块的纸

☆ 一支马克笔

☆ 一面带框的小镜子

◎实验开始：

1. 用马克笔分别在白纸上写下几个字，比方"日"字或者"由"字；

2. 将镜子平放到桌面上；

3. 先按照"日"字的一竖将纸折好。然后将它横过来，放在镜子上面；

4. 再将"由"字按照中间一横折叠，再把它竖直地放在镜子上；

5. 再沿"由"字中间一横的上方的一横折叠，按照同样的方法把它放到镜子上。

◎有趣的发现：

你会发现，放在镜子上的"日"字，变成了一个"田"字，而第一次放在镜子上的"由"字变成了一个"申"字，第二次放在镜子上的"由"字变成了一个"中"字。

皮皮："看着真的像变魔术一样！"

嘉嘉："那么，别的国家的文字也可以这么改变吗？"

丹丹："这是什么道理呢？"

孔墨庄叔叔说："你们发现了没有，镜子改变出来的字都是上下对称的？其实呀，这个实验的道理非常简单，运用的是光的反射原理。白纸上的半个字和它在镜子中成的像构成了一个完整的字。别的国家的文字，只要符合我们数学上说的'轴对称'就都可以。"

水中倒影

波在传播过程中从一种媒质射向另一种媒质时，在两种媒质的界面上有部分波返回原媒质的现象。

平静的水面中会出现物体的倒影，其形成的原理就是光的反射，而且呈倒立像。

嘉嘉："丹丹，今天你怎么看起来这么不开心呢？"

丹丹："别提了，我的小狗昨晚跳进浴池差点死了！"

嘉嘉："怎么会？小狗也懂得泡澡吗？"

丹丹："昨晚我接电话时，小狗站在浴池前，看见水里有一个跟自己长得一样的家伙，就跟它大打出手，结果一失足成了'落水狗'！"

简易的幻灯机

需要准备的材料：

☆ 一个去掉灯罩的台灯

☆ 一个放大镜

◎ **实验开始：**

1. 将去掉灯罩的台灯放在地上，让灯泡朝上，并且接通开关；

2. 手里拿一个放大镜，把它放在灯泡上方几厘米远的地方；

3. 将放大镜慢慢向上面移动一定的距离，观察天花板上形成的像；

4. 再将放大镜向上移动，观察天花板上的变化。

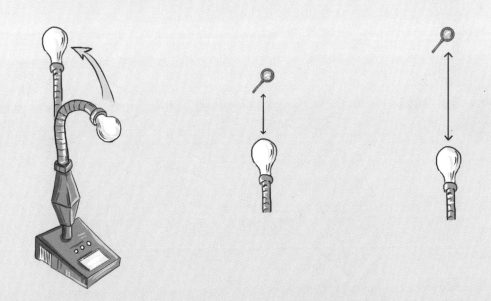

◎有趣的发现：

你会发现，第一次在天花板上看见的是一个由灯丝形成的像；第二次看到的是印在灯泡上的一圈文字的像，它们被放大了，不过是倒着的。

嘉嘉："这就是简单的幻灯机吗？"

皮皮："真是让人感到诧异！"

孔墨庄叔叔："这套装置确实就像是一个幻灯机。在这个实验里，灯丝相当于光源，灯泡玻璃上的文字相当于幻灯片，天花板相当于银幕。当我们把凸透镜移开的时候，天花板上的图像便消失了，只剩下一片亮光。这是因为凸透镜有把发散的光集中起来的作用。在分析物体成像规律的时候，我们常常把一个物体看成是由许多发光点组成的，每一点都向四面八方发出光线。幻灯片上的图画也可以看成是由许多发光点组成的，每一个点发出的光经过凸透镜以后都能重新汇聚在相应的位置上。这些点就组成了物体的像，我们把这种像叫作实像，因为它可以显映在银幕上，能使照相底片感光。天花板上映出的就是幻灯片的实像。"

丹丹："这其中又包含了什么科学道理呢？"

照相机的原理和幻灯机的相同吗？

幻灯机和照相机的原理其实是一样的。用一个凸透镜既可以做成幻灯机，又可以做成照相机，成像大小的关键是物体跟透镜的距离。

照相机和幻灯机所形成影像的大小正好相反，照相机底片上的像比被拍照的物体的尺寸要小得多。原来，在照相的时候，人总是离镜头比较远，而照相机中的底片则离镜头很近，在这种情况下就会形成一个缩小的实像。

嘉嘉："今天真是遗憾，我想看看将蚂蚁用显微镜放大是什么效果，但是实验室的老师将门锁住了！"

皮皮："别的方法也能看见蚂蚁啊！把它放在投影仪那不就行了吗？"

嘉嘉："估计我看到的是放大的'小强'（蟑螂）吧？"

和你"捉迷藏"的硬币

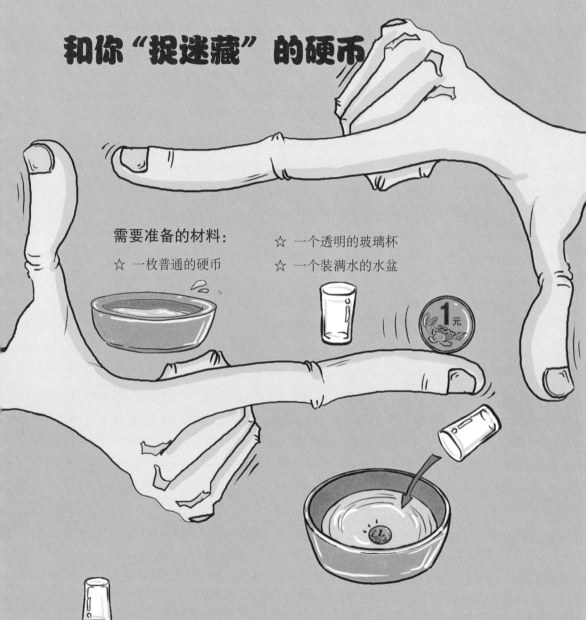

需要准备的材料：

☆ 一枚普通的硬币

☆ 一个透明的玻璃杯

☆ 一个装满水的水盆

◎实验开始：

1. 将硬币放进水盆里，再将玻璃杯倾斜着倒扣在硬币上；

2. 然后从不同的角度看硬币，发现都能看得见；

3. 把玻璃杯从水里取出来；

4. 把玻璃杯垂直扣在硬币上，再观察此时的硬币。

◎有趣的发现：

你会发现，无论从什么角度看，都再也找不到硬币的踪迹了。

嘉嘉："是啊，我觉得这枚硬币就像是消失了一样！"

丹丹："这究竟是为什么呢？"

皮皮："不都是用杯子扣住硬币吗？"

孔墨庄叔叔说："哈哈，当我们把杯子斜插在水上的时候，杯子里面就会装满了水。当光线经过水以后，我们就能够看见硬币。但是，如果把玻璃杯垂直地扣在水中的时候，杯子里面就会充满了空气。这时候，光线就会被空气反射回来，我们就看不到硬币了。"

影子也能"上色"

需要准备的材料：

☆ 3～5个相同大小的矿泉水瓶

☆ 适量水彩笔颜料

☆ 一支手电筒

☆ 一个纸盒

☆ 一块白布

☆ 适量水

◎实验开始：

1．在矿泉水瓶内分别加入不同颜色的水彩笔颜料和水，搅拌均匀，制成彩色水；

2．剪去大纸盒的上面部分，底面铺上白布，制成投影屏幕；

3．把彩色水瓶放入盒内，置于白布前，且与白布有一定的距离间隔；

4．用手电筒照射彩色水瓶，观察白布上面的变化。

◎ 有趣的发现：

你会发现，彩色水瓶在纸盒内的白布上出现半透明的彩色影子。

丹丹皱着眉头摇摇头。

皮皮："丹丹，你见过彩色的影子吗？"

嘉嘉："如果瓶子里面放着酱油，那会是什么效果呢？"

孔墨庄叔叔："如果放进酱油这种不透明的液体的话，那么我们就看不到彩色的影子了，而只能看见一个黑色的影子。光有一个特点，它可以透过透明的物体。因为水彩笔颜料是半透明的，所以光可以穿过彩色瓶子，这样就形成了彩色的影子。"

天空中的"影子"

日食是月亮运行到太阳与地球之间时发生的一种天文现象，也是光线沿着直线传播的典型例子。当发生日食的时候，月球、地球和太阳处在一条直线上，对于地球上的部分地区来说，月球正好位于太阳的前方，全部或者部分挡住了太阳的光线，用肉眼看去就感觉好像是太阳的一部分或全部消失了，这就形成了日食。

皮皮："除了孔墨庄叔叔讲的，我还在生活中找到了彩色的影子！"

嘉嘉："哪里啊？"

皮皮："太多了，比如阳光穿过彩色的玻璃，投射到地面的影子就是彩色的！"

多彩的"影子世界"

需要准备的材料：

☆ 一只40瓦的灯泡

☆ 一张对开的白纸

☆ 一支铅笔

☆ 一盏8瓦的日光台灯

☆ 一张红色玻璃纸

8瓦

40瓦

◎ **实验开始：**

1. 将40瓦的灯泡安在屋子里，并将其点亮；

2. 将这张对开的白纸铺在灯下的桌子上；

3. 将白纸上放上一盏8瓦的日光台灯；

4. 调整灯泡、桌子和台灯的距离，使得台灯离白纸约20～25厘米，白炽灯离白纸约1.5米；

5. 将一支铅笔放在日光台灯前离白纸3～5厘米处，铅笔要和日光台灯管平行，观察此时的铅笔的影子；

6. 将日光台灯关闭，取一张红色玻璃纸将灯管全部包起来；

7. 接通电源并且关闭白炽灯；

8. 再打开白炽灯的开关，当白光照到铅笔的影子时，观察此时铅笔影子的变化。

◎ 有趣的发现：

你会发现，在两种白光的照射下，影子的颜色是黑色的；一开始关闭白炽灯，铅笔在红光的照射下，影子依然是黑色的；但是再次打开白炽灯时，原来黑色的铅笔影子变成了绿色。

丹丹："除了绿色，这影子还能是其他别的颜色吗？"

嘉嘉："快给我们讲讲这其中的奥秘吧！"

皮皮惊喜地跳了起来："我还从来没有见过彩色的影子呢！"

孔墨庄叔叔说："当用红光照射在铅笔上时，我们眼睛中的锥体细胞会对红色的光感到非常疲劳，分辨红色光的能力也会因此下降。当红色的信号传到我们大脑的时候，我们就不会对此再有所反应了。这时，我们眼睛中的锥体细胞会对绿色的光就非常敏感。所以，当我们一直看着在红光照射下的铅笔影子时，再打开白炽灯，在白光的大环境下，我们的大脑中会感到铅笔的影子是绿色的。事实上，这只是存在在我们大脑中的一种印象罢了，它叫作颜色意识，而且这种颜色一定是红光的互补色光——绿色光。同样，蓝色光的互补色光是黄色光，也就是说，如果我们再换一种颜色的玻璃纸的话，铅笔的影子还会变成另外一种颜色！"

什么叫互补色光?

在光学中,两种色光以适当的比例混合起来形成人们眼中的白光时,这两种颜色就称为"互为补色"。比如红色光和绿色光是互补色,蓝色光和黄色光也是互补色。

皮皮:"丹丹,我现在还是不明白什么是互补色!"

丹丹:"你的脸很白,嘉嘉的脸很黑,你们站在一起是绝顶的'黑白配',这大概就是'互补色'吧!"

"七彩" 的烛焰

需要准备的材料：

☆ 一根蜡烛

☆ 一盒火柴

☆ 一面镜子

☆ 一个脸盆

☆ 适量清水

◎ 实验开始：

1. 用脸盆装上一盆清水，然后放进黑暗的房间里；

2. 将平面镜放在水盆里面；

3. 将点燃的蜡烛放在自己的手中；

4. 调整蜡烛与镜子的距离；

5. 调整镜子的角度，观察水中镜子里面的蜡烛。

◎**有趣的发现：**

你会发现，水中镜子里的烛焰变成了七彩的火苗。

嘉嘉："好神奇的现象耶！"

皮皮："好漂亮的火苗！"

丹丹："这是什么原因呢？"

孔墨庄叔叔："让我来给你们讲讲吧！其实，白光本来就是由红、橙、黄、绿、青、蓝、紫七种颜色组成的。当白光射到水中的时候，这七种色光都会发生折射。但是它们在水中的折射角度不同，这样就会让七种色光分散开，它们照在水中的平面镜里，再经过平面镜的反射，我们就可以看到七彩的烛焰了！"

佛光

经常外出旅游的小朋友也许见过佛光，它是一种非常神奇的自然现象，当阳光照射在云雾表面上的时候，由光线的衍射和漫反射作用形成一种自然奇观。其实，佛光形成的原理是这样的：当人背对着太阳的时候，太阳光会将人的影子投射到他面前的云彩上，这样，云彩中的细小冰晶与水滴就形成了独特的彩色光环。

孔墨庄叔叔："皮皮，你再告诉我一个生活中见过的光是由七种颜色组成的例子吧！"

皮皮得意洋洋地说："太多了。比如每次我在家煎鸡蛋刷不干净锅的时候。留下的水印干了就是个七色的光圈！"

小小"太阳灶"

需要准备的材料:

☆ 一支大号手电筒上的凹面

☆ 反光碗

☆ 一块木料

☆ 一把小刀

☆ 一段铁丝

☆ 一些钉子

☆ 一把铁锤

☆ 一根细竹签

☆ 一块泡沫塑料

☆ 一个土豆

◎ 实验开始:

1. 将木料削成一根长约4厘米的圆柱体，直径以正好能紧紧塞进反光碗的圆孔为宜;

2. 在圆柱的一端横向钻一个细孔道;

3. 在这个细孔处穿入一根直径相当于孔径的铁丝;

4. 将露在圆柱外的铁丝两头折成90°，各留5厘米即可;

5. 把圆柱塞入反光碗的圆孔内;

6. 再将铁丝两端插在一块泡沫塑料上;

7. 将一根细竹签的两头削尖，一头插在反光碗中央的圆柱上，另一头插上一小块土豆;

8. 把该装置放在太阳下，让反光碗朝着太阳方向;

9. 然后，耐心调节竹签长度，让插上去的土豆正好位于发光焦点上。

◎有趣的发现：

你会发现，过不了多久，土豆就会在太阳光灸烤下，散发出香味。

丹丹："这'火'是怎样点燃的呢？"

皮皮："更关键的是，'火'的温度足以烧熟一个土豆了！"

嘉嘉："哇，难道以后我们可以用这种方法在郊外野炊了？"

孔墨庄叔叔："我给你们讲讲太阳灶的工作原理吧！你们看，当平行的光射向反光碗的凹面时会反光，这时候的光线都会集中反射到一个位置上，这样光线就在这个位置上聚集起来了，于是就形成了聚光，这叫'聚焦'作用。当光线聚拢时，处在这个焦点上的物体的温度会很高，慢慢地，当它达到燃点的温度时就自己燃烧起来了。太阳灶的锅底就会形成这样一个焦面，这样就能达到加热的目的。"

太阳灶的种类

太阳灶基本上可分为箱式太阳灶、聚光太阳灶、室内太阳灶和菱镜太阳灶等。人们常用的太阳灶是聚光式太阳灶，它是利用旋转抛物面的聚光原理，将较大面积的阳光聚焦到锅底，在锅底形成一个焦面，使温度升高，这样就可以烧饭了。

嘉嘉："我们以后再出门旅行时，只带上放大镜就可以了！"

丹丹："那我们饿了怎么办？"

嘉嘉："直接在地里摘点能吃的，然后用放大镜对着烤熟就可以了。哈哈哈！"

墙上的"彩虹"

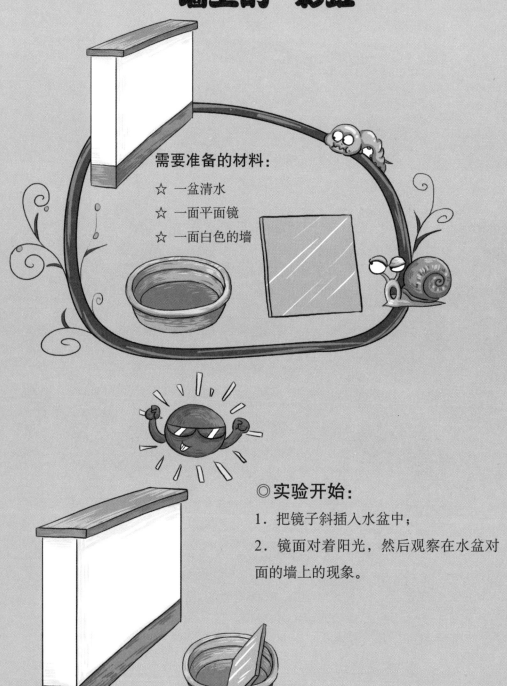

需要准备的材料：

☆ 一盆清水

☆ 一面平面镜

☆ 一面白色的墙

◎实验开始：

1．把镜子斜插入水盆中；

2．镜面对着阳光，然后观察在水盆对面的墙上的现象。

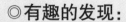
◎有趣的发现：

你会发现，在对面的墙上已经出现了美丽的"彩虹"。

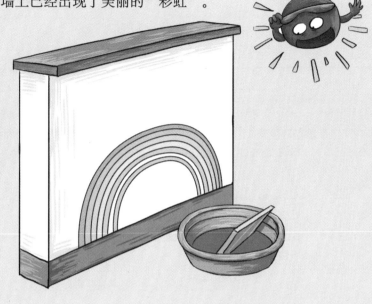

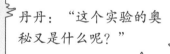
丹丹："这个实验的奥秘又是什么呢？"

孔墨庄叔叔说："这个道理很简单。当光通过水面时会发生偏折，也就是折射，而白光是由红、橙、黄、绿、青、蓝、紫七种色光形成的，每种色光折射的角度都不相同，它们被水面折射后会各自分散开，这些光经过镜子的反射后，就是我们看见的白纸上的七色光。"

古人关于虹的发现

下雨以后，天上会悬浮着很多极小的水滴，当太阳光沿着一定角度射进这团小水滴的时候，它们会发生色散，这就是我们看到的彩色的虹。

第一个用实验的方法研究虹的人是生活在公元8世纪中叶的张志和，唐代以后，有很多人都重复做这个实验，最典型的是南宋的蔡卞做的一个叫"日照雨滴"的实验，在这个实验里，他说明虹的产生是一种色散过程，并指出了虹和阳光位置之间的关系。

嘉嘉："皮皮，你还能想出什么有创意的办法让咱们看到彩虹吗？"

皮皮："当然可以。比方说。当我感冒鼻子里出个大泡泡的时候，你就可以看到彩虹了！"

爱"炫耀"自己的蜡烛

需要准备的材料：

☆ 两面方形镜子

☆ 一块橡皮泥

☆ 一把小刀

☆ 一支蜡烛

☆ 一盒火柴

◎ 实验开始：

1. 用小刀在其中一面镜子的背面划出一个观察孔；

2. 用橡皮泥把平行相对的两面镜子垂直固定在桌面上，两面镜子间隔10厘米左右；

3. 点燃蜡烛，将蜡烛放在两面镜子中间。

10厘米

◎有趣的发现：

从观察孔观察蜡烛，你会发现，镜子里面出现了数不清的蜡烛。

皮皮："我感觉自己应该只看见一支蜡烛才对啊！"

嘉嘉："我不会是在做梦吧！"

丹丹："光的反射还有这样的妙用吗？真不可思议！"

孔墨庄叔叔回答道："是的，这个实验运用的的确是光的反射原理。你们看，当我们将这两面镜子平行相对地放着的时候，放在它们中间的蜡烛的烛光都会在两个镜面里得到反射。同时，反射出来的蜡烛的虚像又不断地被反射下去。这样，我们就看见无数个蜡烛的影像了！"

月亮会发光吗

别看月亮挂在天空中很明亮，但事实上月亮自己根本不能够发光，我们看到的月光其实是月亮反射太阳的光。月亮的表面是不光滑的，太阳光照射到上面会发生漫反射。经过反射的光线进入地球的大气层后，再进入我们眼睛，就成了我们看到的皎洁的月光了。如果月亮表面像镜子一样光滑的话，我们就看不到明亮的月亮了。

皮皮："一个镜子能照出这么多蜡烛，我真是要借这个实验帮帮我的忙啊！"

孔墨庄叔叔："它能帮你什么呢？"

皮皮："妈妈让我减肥，可我就是太爱吃热狗了，以后我就照出好多个热狗，吃一个的时候我就当吃了好多个。哈哈哈！"

"透视"看信的妙招

需要准备的材料：

☆ 一封没有开启的信

☆ 一瓶发胶

◎ 实验开始：

1. 将发胶喷在没有开启的信封上面；

2. 片刻过后，仔细地观察信封有什么变化。

◎有趣的发现：

你会发现，信封好像变得透明了，可以清楚地看到里面的内容。但是只过了一小会以后，信封又会慢慢地恢复到什么也看不见的样子。

丹丹："大叔，快告诉我们其中的奥秘吧！"

嘉嘉："是啊，这个魔术变起来既简单又不可思议！"

皮皮："嘿嘿，真有意思！"

孔墨庄叔叔："你们知道吗？当光从一种物质进入到另一种物质中时，会在两种物质的临界面发生折射。纸的主要成分是纤维，当光线照射到纸上时，会在纤维和空气的交界处发生偏转，所以光线只能在纸的内部四散开来，人的肉眼根本就不能透过信封看见信纸上面的字。但是，当我们在信封的表面喷上发胶的时候，纸张里面的空隙就会充满一种与纤维以相同的速度传导光的物质，此时的信封就变成了一个质地均匀的整体。当光通过信封时，就既不会弯曲也不会发散，信封变得透明，我们自然就能看到里面的字了。"

光导纤维

光导纤维是根据光的全反射原理制成的，它是一种透明度很高、粗细像蜘蛛丝一样的玻璃丝。当光线以合适的角度射入玻璃纤维时，光会沿着弯弯曲曲的玻璃纤维前进。由于这种纤维能够用来传输光线，所以人们称它为光导纤维。通过柔软而细的光导纤维，可以传播光线或者传递图像。光导纤维在工业、宇航和医学上都有着广泛的用途。

皮皮："你知道吗，我听了孔墨庄叔叔讲的'透视'这个小实验，看清楚了邻居肚皮上有一颗大黑痣！"

嘉嘉："我不明白，你还是给我讲讲吧！"

皮皮："他穿着很薄的衣服，我隐隐看到有一块黑黑的圆点。刚巧他把汽水洒在了肚皮上，证实了我的猜测！"

"流淌"的光

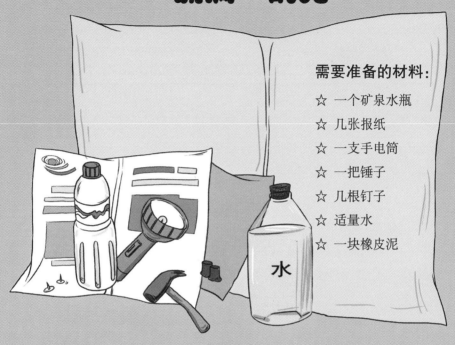

需要准备的材料：

☆ 一个矿泉水瓶

☆ 几张报纸

☆ 一支手电筒

☆ 一把锤子

☆ 几根钉子

☆ 适量水

☆ 一块橡皮泥

◎ **实验开始：**

1．在矿泉水瓶盖上钻一个大洞，在瓶底上钻一个小洞，用橡皮泥将两个洞封住；

2．在瓶子里灌上四分之三的水，将瓶盖盖好，将矿泉水平放在桌子上；

3．打开手电筒，放在矿泉水瓶的底部；

4．用报纸将矿泉水瓶子和手电筒全都包好；

5．走到一个黑屋里，将瓶子倾斜过来，然后将橡皮泥去掉。

◎有趣的发现：

你会发现，当你把水倒出来的时候，光线和水会一起"流"出来。

丹丹："我从来没有见过这么神奇的带着光的水！"

皮皮将手指堵在流水的口上，发现水流能变成瀑布状。

嘉嘉："看起来很神！"

孔墨庄叔叔："哈哈哈，其实，这个有趣的实验运用的依然是光沿直线传播的原理。当我们把光照向水的时候，光线就会被水流不定向地反射，并会随着水流做不定向的曲线运动。这就是我们会看见流动的光的原因。"

世界上第一个"小孔成倒像"的实验

在春秋战国时期，我国杰出的科学家墨翟和他的学生完成了世界上第一个小孔成倒像的实验：

他们首先找到一间黑暗的小屋，然后在小屋朝向太阳的门上开了一个小孔，人对着小孔站在屋外。这时候，他们发现，在小屋内的墙壁上出现了一个人影，但是人影是倒立的。墨翟解释说，因为光线是沿着直线传播的，当光线穿过小孔的时候，人的头部遮住了上面的光，因为光是沿着直线传播的，所以形成的影子就会在下边，同样，人的脚遮住了下面的光，所成的影子就会在上边，就形成了倒立的影。

皮皮："光确实是沿着直线传播的！"

嘉嘉："懒鬼，如果是弯曲的，我怎么会照老鼠洞连一根老鼠毛都看不见呢！"

摸不着的小球

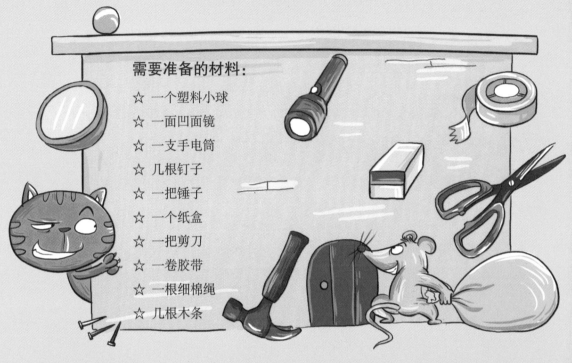

需要准备的材料：

☆ 一个塑料小球

☆ 一面凹面镜

☆ 一支手电筒

☆ 几根钉子

☆ 一把锤子

☆ 一个纸盒

☆ 一把剪刀

☆ 一卷胶带

☆ 一根细棉绳

☆ 几根木条

◎ 实验开始：

1．将木条用钉子和锤子钉牢；

2．将凹面镜固定立在这个用木条做成的夹子上面；

3．把盒子的一个侧面剪掉，用胶带和棉线将小球固定在纸盒里面；

4．将带有小球的纸盒放在手电筒和凹面镜中间，打开手电筒，从盒子的右侧将光线照射在小球的侧面；

5．关上灯，调整凹面镜的位置，直到看到小球的出现，然后用手去摸这个小球。

◎有趣的发现：

你会发现一个奇怪的现象：自己的手根本就摸不到这个小球。

丹丹："怎么会摸不到呢？"

皮皮揉揉眼睛："我明明能看到，但用手去碰小球可就是没有感觉啊！"

嘉嘉："这个小魔术又是运用了光的什么原理呢？"

孔墨庄叔叔："在这里，我要跟你们谈谈凹面镜成像的原理，光透过凹面镜的时候，光线会发生折射，这样就会形成像。如果用东西挡住某物体时，在障碍物的后面观察它时，我们就会看到物体的影像。不过，这个影像也是个影子，我们当然用手摸不到影子啦！"

搞笑的哈哈镜

哈哈镜是用凸凹不平的玻璃做成的，照起来奇形怪状，非常搞笑。站在哈哈镜前，你的鼻子可能被照得很大，也可能照得很小，这是为什么呢？

原来，哈哈镜成这种奇怪的像的原因是它的镜面各部分凸凹不同，因此，它所形成的像有的被放大、有的被缩小。比如当你对着一个上面是凹镜的哈哈镜时，你的头就会被放大，而且因为鼻子比较突出，离镜面更近，所以鼻子的像放大的倍数比脸上其他任何部分都大，结果就照出大鼻子。

丹丹："皮皮，我发现每次我想用手抓水里的鱼的时候，总是抓不准位置。"

皮皮："用时髦的话来说，就是跑偏的折射让你成了总是跑偏的人！"

透明胶带的"颜色之谜"

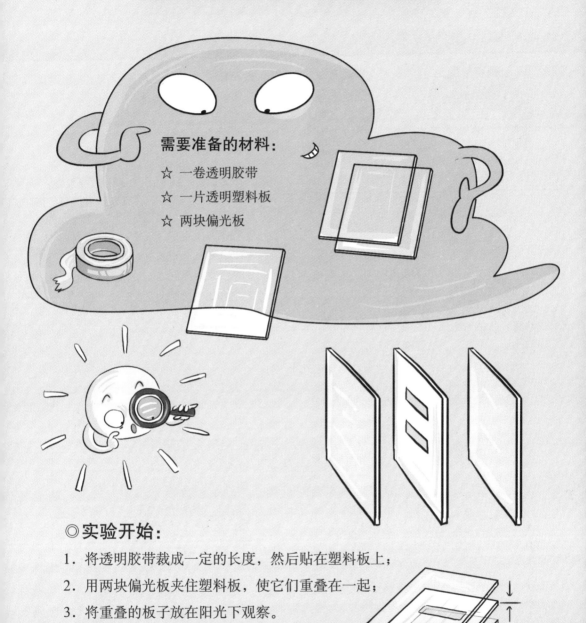

需要准备的材料:

☆ 一卷透明胶带

☆ 一片透明塑料板

☆ 两块偏光板

◎实验开始:

1. 将透明胶带裁成一定的长度,然后贴在塑料板上;

2. 用两块偏光板夹住塑料板,使它们重叠在一起;

3. 将重叠的板子放在阳光下观察。

◎有趣的发现：

你会发现，板子上面有五彩斑斓的颜色；稍微移动两块偏光板的时候，颜色也在不断地变化着。

皮皮："这个科学实验真奇妙！"

丹丹："我从来没有想过，用透明胶带也能做这么有意思的实验！"

嘉嘉："我想不明白这其中的奥妙！"

孔墨庄叔叔："哈哈，我来给你们解释一下：当我们把这三块重叠的板子放在阳光下的时候，阳光会透过偏光板照射进来，这样就产生了偏光。而在移动两块偏光板的时候，中间塑料板上的透明胶带会让偏光的振动平面旋转起来。当我们从另一面偏光板看上去的时候，就会看到鲜艳美丽的色彩。"

偏光

偏光又称偏振光。我们平时见到的可见光都是横波，可见光的振动方向与传播方向是垂直的。自然光源发出的光波的振动方向是任意的，并不偏向某一个方向。而偏光的振动方向，在某一瞬间是被限定在某一特定方向上的。

偏光这个词对我们来说也许很陌生，但其实它也是我们日常生活中常见的现象。当我们在酷热的阳光下行走或在波光强烈的湖面走的时候，人们会感到眼睛看东西很难受，这是强光反射的结果。这时候，我们就需要戴一个偏光太阳镜了。

皮皮和嘉嘉一起去海边玩，阳光非常晃眼。

皮皮："听说戴上偏光太阳镜以后就不会这么晃眼了，我们可以开心地踩在沙滩了啊！"

嘉嘉："好是好，可就是看上去太像大亨了！"

秘密到底在哪里

需要准备的材料：

☆ 两张纸

☆ 一支圆珠笔

☆ 一个装有水的脸盆

◎**实验开始：**

1．把一张纸放在水里面浸一下；

2．把另一张纸叠放在湿纸上；

3．用圆珠笔在干纸上写下秘密的信息，等湿纸干了以后，观察上面字迹的变化。

◎ 有趣的发现：

你会发现，等湿纸干了以后，上面的字就消失了；当把曾经浸泡在水中的纸再次放入水中的时候，纸上的字迹又奇迹般地出现了！

嘉嘉："难道水能将这些痕迹洗下去吗？"

皮皮："不是圆珠笔的字迹很难擦去吗？"

丹丹："如果这个实验也要和光联系起来的话，我很难想到里面的原因究竟是什么！"

孔墨庄叔叔回答道："你们都知道，我们用圆珠笔写字会比较用力，所以就会压缩了干纸下面的湿纸的内部纤维。当湿纸干了的时候，写过字的地方可以正常地通过光线，因为没有圆珠笔上的油墨，所以我们看不到上面的字迹；但是重新浸湿了纸以后，写过字的地方因为纤维的压缩而无法再通过光线了，这样字迹又重新显现了出来。"

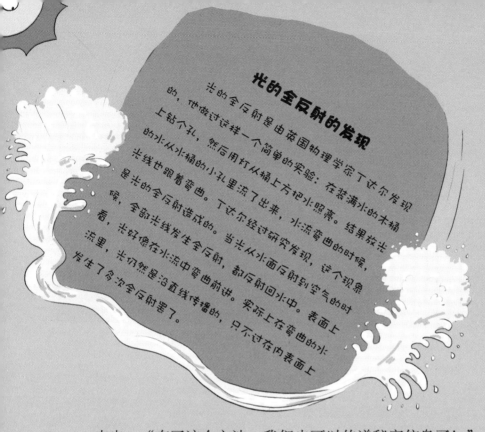

光的全反射的发现

光的全反射是由英国物理学家丁达尔发现的，他做过这样一个简单的实验：在装满水的木桶上钻个孔，然后用灯从桶上方把水照亮。结果放出的水从水桶的小孔里流了出来，水流弯曲的时候，光线也跟着弯曲。丁达尔经过研究发现，这个现象是光的全反射造成的。当光从水面反射到空气的时候，全部光线发生全反射，都反射回水中。表面上看，光好像在水流中弯曲前进，实际上在弯曲的水流里，光仍然是沿直线传播的，只不过在内表面上发生了多次全反射罢了。

皮皮："有了这个方法，我们也可以传递秘密信息了！"

嘉嘉："对啊！"

皮皮："不过，一定要用圆珠笔这种费力的笔才行呢！''"

光线的"魔法术"

需要准备的材料：

☆ 一盒牛奶

☆ 一个装有水的玻璃杯

☆ 一根筷子

☆ 一支手电筒

◎ **实验开始：**

1. 在装着水的玻璃杯里面滴一滴牛奶，然后用筷子搅拌几下；

2. 将玻璃杯放在桌子上，打开手电筒，将其平放在玻璃杯的一侧，观察此时杯子中的变化；

3. 用手电筒对准玻璃杯的杯口，让光线垂直射到水面上，然后再观察杯子中的变化。

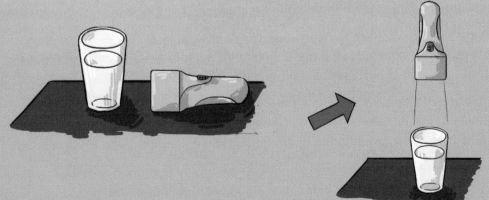

◎有趣的发现:

你会发现,手电筒的光从侧面射进杯子里面的时候,此时的溶液变成了粉红色;当手电筒的光垂直射到杯子里面的时候,这时候的溶液显示的是淡蓝色。

皮皮: "这是我见过最奇妙的现象!"

嘉嘉: "是啊,牛奶的颜色明明是白的,看了半天杯子里面却出现了彩色!"

丹丹: "那么,在这个实验中,牛奶溶液的作用是什么呢?"

孔墨庄叔叔回答道: "在这个实验中,牛奶溶液的小分子会散射光线。在光里,蓝色光的波长最短,红色光的波长最长。当光从侧面照射的时候,液体离光源比较远,散射的红光最多,液体就呈粉红色;当垂直照射的时候,液体离光源比较近,散射的蓝光是最多的,液体就呈淡蓝色。"

光 谱

1666年，英国科学家牛顿发现，太阳光或白光穿过玻璃三棱镜时，能分开成七种色光：红、橙、黄、绿、蓝、青、紫，这就叫作"光谱"。如果这个光谱再通过另一个玻璃三棱镜时，又能汇聚成白光。

皮皮拿来了红、橙、黄、绿等各种装在塑料透明瓶子的汽水，然后整齐地排成一列放在桌子上。在太阳的照射下，对面的墙上有一些浅浅的彩色影子。

嘉嘉："我不明白，你这是给我和丹丹发汽水喝吗？"

皮皮连忙摇头说："NO，NO，我要先自己制造一个彩虹，然后再让这些彩虹慢慢地消失！"

嘉嘉："你喝了这么多饮料后，在厕所里'嘘嘘'的时候，别忘了叫我去看'喷泉彩虹啊'！"

被光点燃的火柴

需要准备的材料：

☆ 一个无色透明的圆形烧瓶

☆ 适量水

☆ 一些火柴棒

☆ 一些小纸板

◎ **实验开始：**

1. 在烧瓶里面装满水，放在太阳光底下，使阳光透过烧瓶；

2. 移动放在烧瓶后面的纸板，使阳光在上面汇聚出最清晰的亮点；

3. 将火柴对准亮点，不要移动烧瓶，观察火柴的变化。

◎有趣的发现：

你会发现，没过多长时间，火柴自己就燃烧起来了。

嘉嘉："我发现这个圆形的烧瓶就像是一面凸透镜！"

皮皮："真是太神奇了，我从来没见过水也能点火！"

丹丹："难道奥秘在这个烧瓶上？"

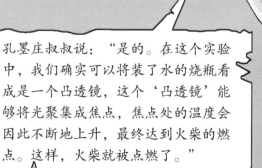

孔墨庄叔叔说："是的。在这个实验中，我们确实可以将装了水的烧瓶看成是一个凸透镜，这个'凸透镜'能够将光聚集成焦点，焦点处的温度会因此不断地上升，最终达到火柴的燃点。这样，火柴就被点燃了。"

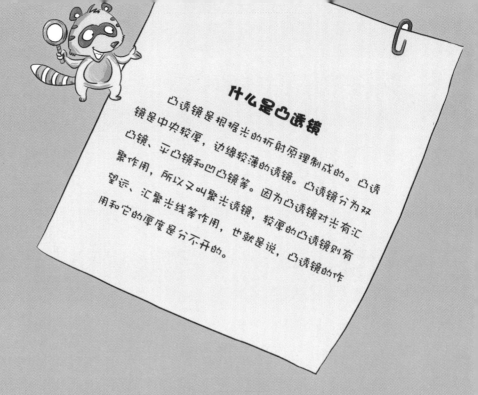

什么是凸透镜

凸透镜是根据光的折射原理制成的。凸透镜是中央较厚，边缘较薄的透镜。凸透镜分为双凸镜、平凸镜和凹凸镜等。因为凸透镜对光有汇聚作用，所以又叫聚光透镜，较厚的凸透镜则有望远、汇聚光线等作用，也就是说，凸透镜的作用和它的厚度是分不开的。

生物课下课了，丹丹说："皮皮，你觉得青蛙的眼睛能让我们想到什么呢？"

皮皮漫不经心地说："从侧面看，就像一面凸透镜！"

"近在眼前" 的月亮

需要准备的材料：

☆ 一面凹面镜

☆ 一面平面镜

☆ 一面放大镜

☆ 一扇窗户

◎**实验开始：**

1. 晚上，将凹面镜放在窗户跟前，朝向月亮；

2. 站在窗前，慢慢地将平面镜转向自己，可以看到反射到凹面镜中的月亮的图像；

3. 透过放大镜，观看平面镜中的月亮的变化。

◎有趣的发现：

你会发现，平面镜中的月亮看起来更亮了。好像一伸手就能摘下来似的，
放大镜让月亮看起来更大了。

丹丹："这个月亮看起来更加逼真！"

皮皮："有个故事讲到，一群猴子去捞水中的'月亮'，但是无论如何也捞不到！"

嘉嘉："这到底是为什么呢？"

孔墨庄叔叔回答道："首先，凹面镜反射了月亮的图像。因为平面镜的镜面并不是弯曲的，所以它反射的月亮的图像是真实的，这个图像通过放大镜将其反弹了回去。这样，图像就被放大了。"

凸面镜和凹面镜

凸面镜和凹面镜在我们的生活中是很常见的，我们用的不锈钢勺子，它的里外两面就相当于凹面镜和凸面镜。如果将一束平行光照在凸面镜上，凸面镜使平行光束发散，汽车的后视镜运用的就是这个原理；凹面镜则有汇聚光的作用，如太阳灶和探照灯的反光碗。

皮皮和嘉嘉正在聊天。

皮皮："你惹你爸爸不高兴的时候，他会打你吗？"

嘉嘉："会啊，而且我爸爸打我的时候总是说，手打在我的脸上，却疼在他的手掌上！"

皮皮轻蔑地说："你就瞎说！这怎么可能呢？"

嘉嘉："确实是这样的，爸爸不舍得打我。每次他发脾气的时候，我都照着镜子，我爸爸使劲地用手抽打镜子！"

皮皮："……"

扑克牌也能"煮鸡蛋"

需要准备的材料：

☆ 一口装有热水的小锅

☆ 一个生鸡蛋

☆ 一张较大的铝箔

☆ 二十张旧扑克牌

☆ 一把剪刀

☆ 一卷胶带

☆ 二十根细木棒

◎实验开始：

1. 选一个晴朗的天气，把装有热水的小锅放在阳光下的草地上；

2. 用剪刀把铝箔剪成二十份，每份面积是扑克牌的二倍；

3. 把铝箔发亮的一面向外，包在扑克牌上，做成二十面小镜子；

4. 然后在每个小镜子上粘一根细木棒，用胶带固定好；

5. 把小镜子插到草地里，调整好角度，让它们把反射的光线聚集在锅里；

6. 把生鸡蛋放进锅里，观察锅里面的变化。

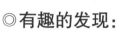

◎**有趣的发现：**

你会发现，过一段时间后，锅里的水沸腾起来，几分钟以后，锅里边的鸡蛋就煮熟了。

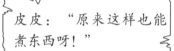

嘉嘉："妈妈用电磁炉热饭的时候，靠的都是电产生的热量！"

皮皮："原来这样也能煮东西呀！"

丹丹："那么，这个小锅中的热量是从哪里来的呢？"

孔墨庄叔叔说："这其中的热量是铝箔发出来的。我们知道，铝箔是一种不透光的材质，照射在上面的太阳光基本都让铝箔反射了出去，这些被反射的光线聚集在锅里，就会产生很大的热量。锅里的水吸收了这部分热量后，就会达到沸点而沸腾起来，鸡蛋也就被煮熟了。"

靠光的反射"看"东西的鱼

在太平洋岛国汤加的海岛上，有一种叫作长吻银鲛的鱼。这种鱼的眼睛能够分别向上和向下凝视，世界上只有这种脊椎鱼类才能在漆黑的海水里反射光线。为什么它的眼睛会这样神奇呢？

原来，长吻银鲛的眼睛反射光线是通过眼球内的微小感光系统——科学家认为很可能是鸟嘌呤晶体将微弱的光线进行多层层叠出来的。这种鱼类的眼睛能够通过反射其他物体的光线，清楚地"看见"物体。

丹丹："你知道巧克力外面包的是什么纸吗？"

孔墨庄叔叔："这个还真没注意。"

丹丹："不知道了吧，巧克力外面包着的就是铝箔！"

眼睛中的"灰尘"

需要准备的材料：

☆ 一张硬纸板

☆ 一根针

☆ 一个毛玻璃灯泡

◎ **实验开始：**

1. 在硬纸板上用针扎一个孔；

2. 通过针孔观察发光的毛玻璃灯泡。

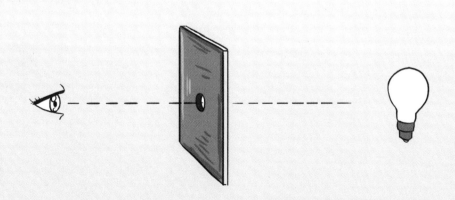

◎有趣的发现：

你会观察到一种很奇怪的现象：有很多微小的絮状物体在你面前浮动。

丹丹："老师不是教过我们，细小的灰尘用肉眼是看不到的吗？"

皮皮："怎么能证明这就是我们眼睛中的灰尘呢！"

嘉嘉："不会是我们的幻觉吧？"

孔墨庄叔叔："当然不是。事实上，这些絮状的物体是你眼睛中的灰尘在虹膜上的影子。它们比我们眼中的液体要重一些，所以在我们眨眼的时候，它们总是向下浮动；如果我们把头歪向一侧的话，眼睛中的灰尘还会滑向眼角呢！"

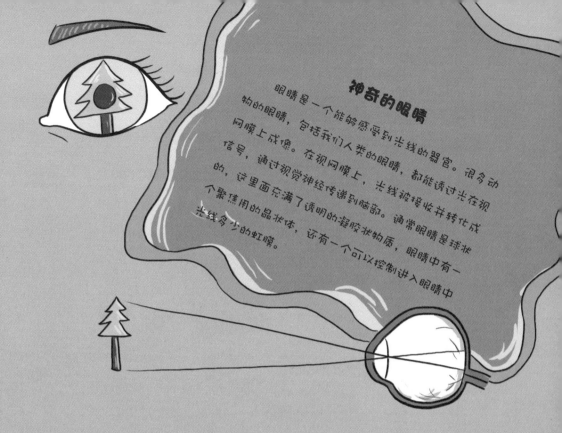

神奇的眼睛

眼睛是一个能够感受到光线的器官。很多动物的眼睛，包括我们人类的眼睛，都能透过光在视网膜上成像。在视网膜上，光线被接收并转化成信号，通过视觉神经传递到脑部。通常眼睛是球状的，这里面充满了透明的凝胶状物质，眼睛中有一个聚焦用的晶状体，还有一个可以控制进入眼睛中光线多少的虹膜。

嘉嘉："我们来猜个脑筋急转弯：什么动物的眼睛里面没有灰尘？"

皮皮："没有眼睛的动物！"

"……"

"会眨眼" 的星星

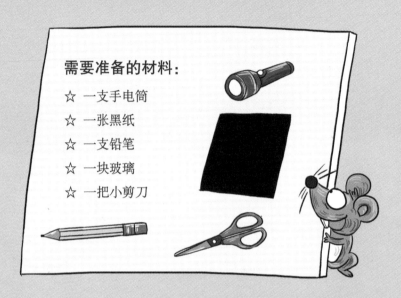

需要准备的材料：

☆ 一支手电筒

☆ 一张黑纸

☆ 一支铅笔

☆ 一块玻璃

☆ 一把小剪刀

◎ **实验开始：**

1．用黑纸包住手电筒的镜面，用剪刀给手电筒镜面前的黑纸中央剪一个小孔，将手电筒固定在桌子上；

2．将房间的灯关掉，打开手电筒，在墙上被手电筒灯光射到的地方用铅笔做记号；

3．在手电筒面前竖立一块玻璃，使玻璃平行于墙壁；

4．手电筒的位置不变，再记下墙上光斑的位置。

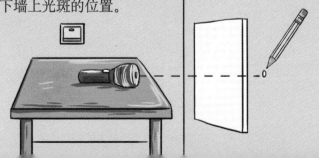

◎有趣的发现：

你会发现，光通过玻璃以后拐弯了，它们在墙上的光斑并不是同一点。如果将几块玻璃叠合在一起的话，你会看到，光通过的玻璃越多，偏移的角度越大。

嘉嘉："我一直认为星星眨眼就是因为它们会发光！"

皮皮："不明白。这和闪烁的星星有什么关系呢？"

丹丹："这究竟是什么原因呢？"

孔墨庄叔叔连连摆手："不是的。这里也是因为光的折射！我们知道，当光线通过两种不同的介质时就会发生折射。天上的星星发出的光会穿过大气层，而各层大气的温度、密度也各不相同，和光线穿过玻璃会发生折射的道理是一样的，星光穿过大气层以后会一次次地发生折射，方向会不断地发生变化，使折射光看起来摇摆不定。所以，当我们看过去的时候，天上的星星就好像在眨眼睛一样。"

晃动的景物

平时，我们透过火光看物体的时候，总是感觉晃晃悠悠的。在炎热的夏天，我们看远方的景物时，也会感觉到它在晃悠。原来，这是因为地球上的空气在不断地流动着，当热空气升上去的时候，冷空气就会降下来，这就会影响到光的直线传播，光线也会因此发生折射，人们这才会感到远处的景物在"晃动"。

嘉嘉："皮皮，什么事情让你这么开心？"

皮皮："我昨天在街上买了几条金鱼，没想到一夜之间就喝水变大了！"

丹丹："那不过是光的折射原理罢了！"

冰块下的神奇世界

需要准备的材料：

☆ 一个易拉罐

☆ 一把剪刀

☆ 一瓶玻璃胶

☆ 适量清水

☆ 冰箱

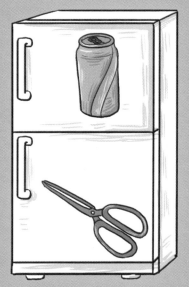

◎ 实验开始：

1．把易拉罐剪开折成一个三棱柱的容器；

2．用玻璃胶将易拉罐密封，在容器中加入清水；

3．再用透明胶带在开口处稍作密封处理；

4．把容器竖直放入冰箱中，等水结冰了以后再将其取出来；

5．放在热水中稍浸一会儿，打开封口，取出冰块，得到一个"冰块三棱镜"；

6．找一个光线很暗的房间，然后在窗户上做一个小孔，让适量的日光从小孔中射进来；

7．将冰块三棱镜放在光的入口处，使折射的光能够射到对面的墙上去，观察墙面上的变化。

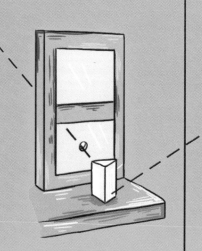

◎**有趣的发现：**

你会发现，墙上会有鲜明强烈的光色，墙上彩色光斑的颜色排列是红、橙、黄、绿、蓝、青、紫。

嘉嘉："这应该用光的什么原理解释呢？"

孔墨庄叔叔："这里我要给你们介绍一下光的色散现象。光的色散指的是复色光分解为单色光的现象。光通过三棱镜后，白色的光透过三棱镜会发生折射，形成它的七种颜色的光红、橙、黄、绿、青、蓝、紫就会分散开来，我们就看到了美丽的光斑。"

牛顿解释光谱

光的色散现象是英国伟大的科学家牛顿发现的。牛顿认为，白光是由各种不同颜色光组成的，玻璃对各种色光的折射率不同。当白光通过棱镜时，各种颜色的光就会发生折射，结果就被分开成颜色光谱。白光通过棱镜时，向棱镜的底边偏折，紫光偏折最大，红光偏折最小。棱镜使白光分成各种色光的现象叫作色散。

除了这个观测结果外，牛顿还做了将彩色光复合成单色光的实验。他把光谱排在一排小的矩形平面镜上，调节各平面镜与入射光的夹角，使各反射光都落在光屏的同一位置上，这样就得到一个白色光斑。

皮皮："有了三棱镜真是太好了！"

嘉嘉："我们不是就能做很多实验了！"

皮皮："在我每次吃奶油蛋糕的时候，用三棱镜折射的七彩光来照明，不是很有情调嘛！"

个性的万花筒

需要准备的材料：

☆ 一段圆形塑料管

☆ 一张透明胶片

☆ 两片偏振片

☆ 少许胶条

◎**实验开始：**

1．从透明胶片上剪一个圆形的胶片，直径大概在5～6厘米；

2．在剪好的胶片上随意地缠上透明胶条，缠绕得越零乱越好；

3．尽量将胶片上的每一处都缠上胶条；

4．剪一大一小两个圆形偏振片，大偏振片与圆形胶片相当，小偏振片与圆形管相当；

5．从黑色硬卡纸上剪一个大小与圆形管相当的圆形片，并在中间剪一个小孔；

6．将小偏振片固定在圆形管上，并将带孔的圆形硬卡纸固定在此偏振片上；

7．然后将圆形管进行适当包装，偏振型万花筒就制作完成了。

◎有趣的发现:

你会发现,在观看的时候,依次按圆形偏振片、圆形胶片、圆形管的顺序设置,并从小孔中观看,就可以看到五颜六色的图案。适当地转动偏振片或胶片,可以看到神奇的色彩变化。

嘉嘉:"这个万花筒的做法好像跟我们以前的那种不同啊!"

皮皮:"但是同样可以看到好看的图案!"

丹丹:"那么,这个万花筒的原理跟我们传统的相同吗?"

孔墨庄叔叔:"这个万花筒利用的是光的另外两个重要性质——偏振和旋光。通常的自然光包含朝各个方向的偏振光,光的偏振特性是很难显现出来的。但是当光通过某些特殊材料时,只有偏振方向沿某一特定方向的光才能够通过,其余的光都会被吸收。在这个实验里,我们使用的偏振片就是用这种特殊材料制作而成的,它能通过它的光的偏振方向都在同一方向上。此外,光还有另外一个叫作旋光的特性。它是指当偏振光通过某些特殊材料时,光的偏振方向将发生一定程度的旋转的现象,旋转的幅度随材料的不同和光的频率变化等因素而不同。"

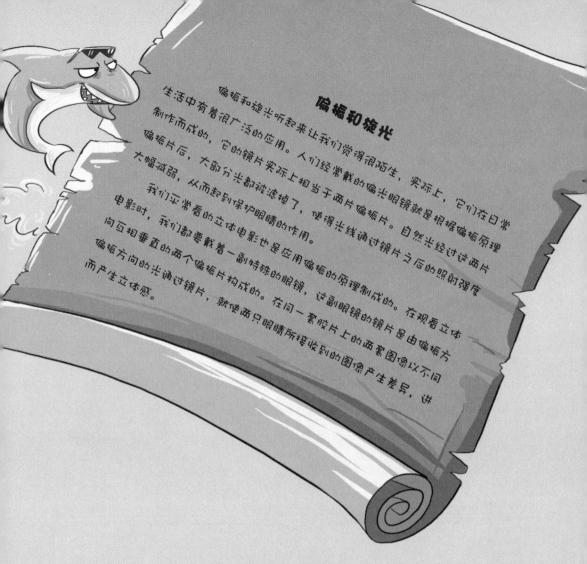

偏振和旋光

偏振和旋光听起来让我们觉得很陌生，实际上，它们在日常生活中有着很广泛的应用。人们经常戴的偏光眼镜就是根据偏振原理制作而成的，它的镜片实际上相当于两片偏振片。自然光经过这两片偏振片后，大部分光都被滤掉了，使得光线通过镜片之后的照射强度大幅减弱，从而起到保护眼睛的作用。

我们平常看的立体电影也是应用偏振的原理制成的。在观看立体电影时，我们都要戴着一副特殊的眼镜，这副眼镜的镜片是由偏振方向互相垂直的两个偏振片构成的。在同一套胶片上的两套图像以不同偏振方向的光通过镜片，就使两只眼睛所接收到的图像产生差异，进而产生立体感。

皮皮："孔墨庄叔叔，我还有很多东西不明白。"

孔墨庄叔叔："光的世界确实很奇妙，你问吧！"

皮皮："人们常说，在森林中野兽的眼睛会发出绿光，这是什么原理呢？"

孔墨庄叔叔："这里用到的是光的反射原理，动物的眼睛并不会发光，我们看到的绿光是动物的眼睛底部的特殊晶点反射的光。"

手指"变多"的秘密

需要准备的材料：

☆ 一根筷子

☆ 电视机

◎ 实验开始：

1．晚上打开电视机，然后把屋子里的灯都关掉，只剩下电视机发光；

2．张开手的五指在电视机的屏幕前快速地晃动；

3．快速晃动一根筷子。

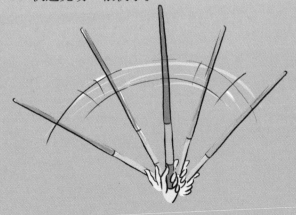

◎ 有趣的发现：

你会发现，在晃动手的时候，手上的手指变多了，可能是6个，也可能是7～8个。手掌晃动得越快，手指的数目越多。当晃动一根细木棍时，你可以看到木棍像打开的一把扇子，手握处是扇子轴所在的地方。

皮皮："我经常在电视机前晃手，觉得特别好玩！"

嘉嘉："但是，如果自己在阳光或白炽灯下做这些实验，就看不到这种现象啊！"

丹丹："这又是什么道理呢？"

孔墨庄叔叔："这个实验向我们揭示了一个秘密，那就是电视屏幕和日光灯发出的光是闪烁的。你们知道吗？电视屏幕在一秒中要闪烁50次，也就是亮灭50次；日光灯则在1秒中亮灭100次。平时我们在日光灯下看书或其他静止的物体时，没有发现这些东西有闪烁的感觉，那是因为人的眼睛会发生视觉暂留的现象。我们看到的东西可以在眼睛的视网膜上保留0.1秒左右，在日光灯灭了的一瞬间，我们的视网膜上还保留着前面亮时的痕迹，灯亮后被看的东西还在同一个地方，所以我们不会感到灯光的闪烁。

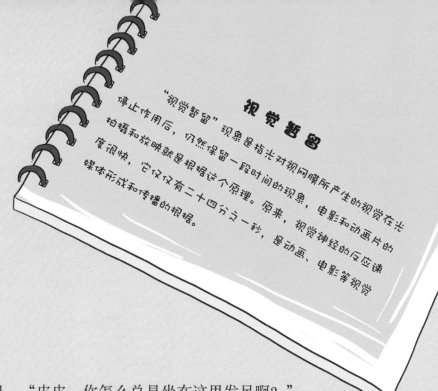

视觉暂留

"视觉暂留"现象是指光对视网膜所产生的视觉在光停止作用后，仍然保留一段时间的现象，电影和动画片的拍摄和放映就是根据这个原理。原来，视觉神经的反应速度很快，它仅仅有二十四分之一秒，是动画、电影等视觉媒体形成和传播的根据。

丹丹："皮皮，你怎么总是坐在这里发呆啊？"

皮皮："我刚才看见别人吃的棒棒糖非常大，还是七彩的。这时候，总是想起七彩的彩虹！"

"本领高超" 的小灯泡

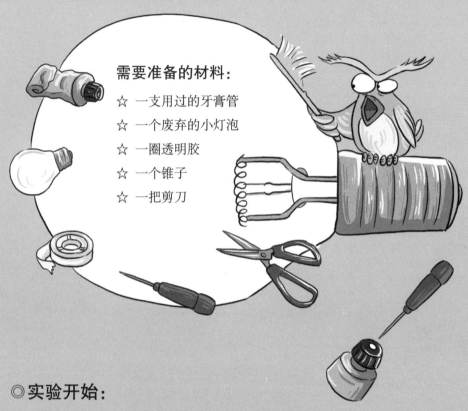

需要准备的材料：

☆ 一支用过的牙膏管

☆ 一个废弃的小灯泡

☆ 一圈透明胶

☆ 一个锥子

☆ 一把剪刀

◎ **实验开始：**

1. 用剪刀剪掉牙膏盒带盖子的部分和下部较硬的部分；

2. 用锥子在牙膏盒盖子上打一个小洞，不要太大；

3. 打开盖子，在那个大孔上用透明胶粘上去，制作一个载物台；

4. 把废弃小灯泡打碎；

5. 取出灯泡里面的小玻璃珠，然后安在盖子上的小孔里，就成了目镜；

6. 旋转那个牙膏盒盖，就是调整度数，观察这个显微镜的变化。

◎ 有趣的发现：

你会发现，你自己制作的显微镜的清晰度会随着牙膏盒盖的旋转慢慢地变化。

丹丹："显微镜里有透镜吗？"

孔墨庄叔叔："是的，显微镜是由一个透镜或几个透镜的组合而成的一种光学仪器，主要用来放大微小物体。通过它，我们人的肉眼就能看到原本看不见的物体。光学显微镜通常由光学部分、照明部分和机械部分组成。你们看，透镜和光带给我们多么神奇的发现啊！"

显微镜

显微镜依据显微原理进行分类，可分为光学显微镜与电子显微镜。

光学显微镜通常由光学部分、照明部分和机械部分组成，它由目镜和物镜组成。早在1590年，荷兰和意大利的眼镜制造者就已经造出类似显微镜的放大仪器。目前光学显微镜的种类很多，主要有明视野显微镜（普通光学显微镜）、暗视野显微镜、荧光显微镜、相差显微镜、激光扫描共聚焦显微镜、偏光显微镜、微分干涉差显微镜、倒置显微镜。

电子显微镜有与光学显微镜相似的基本结构特征，但它有着比光学显微镜高得多的对物体的放大及分辨本领，它将电子流作为一种新的光源，使物体成像。

嘉嘉："皮皮，显微镜下的细胞让你想到了什么？"

皮皮："荔枝皮！"

不像钟的"太阳钟"

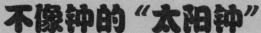

需要准备的材料：

☆ 一块电器包装盒里的泡沫

☆ 一根较长的缝衣针

☆ 胶带

◎ **实验开始：**

1. 用胶带将泡沫固定在太阳光直接照得到的地方；

2. 然后将铁丝竖直插在泡沫中心点处，简单的太阳钟就做好了；

3. 要在整点时刻把铁丝的阴影画到泡沫上，并标上几点钟。

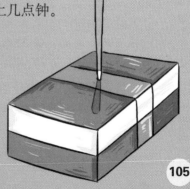

◎有趣的发现：

你会发现，如果没有墙壁遮挡的话，一般从上午8点到下午16点，都能从太阳钟上看出来。不同的时段，缝衣针影子的长短不同，到了中午是最短的。

皮皮："这是为什么呢？"

嘉嘉："也就是说，我们可以通过这影子的长短来判断时间喽？"

丹丹："这是因为光的什么性质呢？"

孔墨庄叔叔："我们知道，太阳自东向西移动，而针的影子也是由西向东移动的。这种利用太阳光的投影来计时的方法在几千年之前就已经被人类发明了。早在中国古代，就有人发明了日晷，它是利用日影的运动来判断时刻的。不过我必须说明一点，在阴天和夜晚，'太阳钟'就不起作用了，因为此时没有太阳光嘛！"

古人的计时法

在钟表没有发明以前，古人就是用水和火来计时间的。根据古书记载，中国在两千多年前就有了一种滴水计时的"刻漏"，又叫水钟。

古代有一种刻漏，主要由几个铜水壶组成，又叫"漏壶"。除了最底下的那个，每个壶的底部都有一个小眼。水从最高的壶里经过下面的各个壶滴到最低的壶里，滴得又细又均匀。最低的壶里有一个铜人，手里捧着一支能够浮动的木箭。壶里水多了，木箭浮起来，根据它上面的刻度，就可以知道时间。

中国古代还有一种"火闹钟"：它是把香放在一个船形的槽里，在香的某一点，用细线系上两个铜铃，横挂在放香的小"龙船"上。

香从一头点起，烧到拴细线的地方把线烧断，两个铜铃就落在下面的金属盘里。人们听到响声，就知道预定的时间到了。

皮皮："古人还真聪明啊，发明了那么多计时的方法，不过我还是更喜欢日晷！"

丹丹："为什么呀？"

皮皮："阴天的时候，日晷看不出时间，如果我迟到的话，就不会被老师批评了！"

神奇的"变色水"

需要准备的材料：

☆ 一个水桶

☆ 适量清水

☆ 一把勺子

☆ 一袋牛奶

☆ 一面平面镜

☆ 一支电量足的手电筒

◎ 实验开始：

1．找一个水桶，里面盛满清水；

2．在水桶中加入两汤勺牛奶，搅拌成乳状的液体；

3．用细线捆住平面镜，浸入水中；

4．用装有新电池的手电筒照射平面镜，看看水桶中的变化。

◎有趣的发现：

你会发现，这时平面镜反射回来的光是带颜色的。不断改变平面镜浸入水中的深度，反射光就会不断改变颜色。当平面镜由浅入深时，光的颜色会发生如下变化：白色——黄白色——橙色——红色——暗红色，看上去非常奇妙。

皮皮："真是不看不知道，一看吓一跳啊！"

嘉嘉："白光经过色散以后，不应该有七种颜色吗？"

丹丹："大叔，快给我们说说其中的奥秘！"

孔墨庄叔叔："我现在再给你们介绍光的一种性质，叫作散射。我们知道，白光是由红、橙、黄、绿、青、蓝、紫七种波长不同的色光组成的。其中，紫、蓝等色光的波长比较短，它们的穿透能力很差，在经过液体的时候，被水分子和悬浮的小颗粒散射了，这样就没有办法通过液层。而黄、橙、红色光的波长较长，它们的穿透能力也一个比一个强，所以会出现水不断变色的情况。"

光 的 散 射

有时候，当我们在晚上打开手电筒时，会看见光柱，为什么手电没对着你的眼睛，光线会自己拐弯钻进你的眼睛呢？原来，这是手电筒的光被小尘埃阻挡并反射到四面八方，一部分光就会反射到人的眼睛里的结果。

当光线通过有尘土的空气或胶质溶液等媒质时，部分光线向各方面改变方向的现象叫作光的散射。

皮皮："有了这个变色水，以后我们随时可以变魔术了！"

嘉嘉："但是你要当心，别背着我们偷喝了牛奶，让你的魔法失去了效果！"

刺不中的火柴

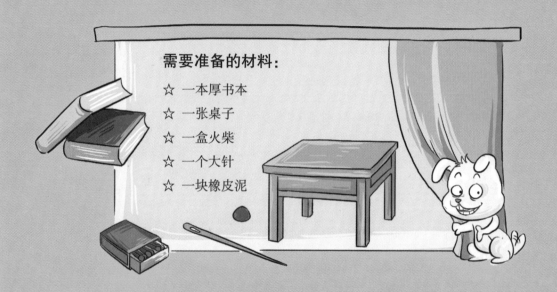

需要准备的材料：

☆ 一本厚书本

☆ 一张桌子

☆ 一盒火柴

☆ 一个大针

☆ 一块橡皮泥

◎**实验开始：**

1. 将厚书本放于桌角，并在书上竖立一根火柴，用橡皮泥固定；在厚书本上横卧一根火柴；

2. 手拿一枚大针，伸直手臂，沿着火柴杆方向用针去刺火柴头。

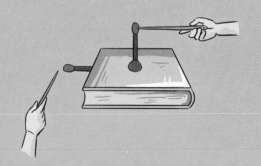

◎有趣的发现：

经过几次对比试验后，你会发现：针刺竖立的火柴容易刺中；针刺横卧的火柴不容易刺中。转动厚书，使横卧的火柴指向脸部，就更不容易刺中了。再闭上一只眼睛试试，准确性更差了。

皮皮："只要我眼睛盯着，就一定能刺到！"

嘉嘉："但是现在不是你想的那样啊！"

丹丹："这是怎么回事？"

孔墨庄叔叔："也许你们不知道，我们的眼睛是有'视觉差异'的。人的双眼在一个水平线上，当看竖着的火柴时，会有很强的立体感强，很容易判断火柴的位置，所以想要刺中火柴是非常容易的；而对横着的火柴的视觉差异不大，立体感也很差，因此很难判断火柴位置的远近，因此想要刺中它是很难的。当人闭上一只眼睛的时候，两只眼睛的视觉差异消失了，就更难刺中了。"

视觉趣谈

我们人类的眼睛在许多情况下，看到的东西并不一定能够真实地反映实际情况。例如火车铁轨本是两条平行线，不会相交，但我们的眼睛看到的却是逐渐相交的；又如当你观察许多静止的同心圆时，会感到图形会转动起来；在有的理发店门口会有一个电动标示，有彩条的圆柱在水平地不断转动，但我们看到的却是彩条在不断地上升；在夜晚，燃着的香只有一个红亮点，当快速晃动它时就会看到一条亮光；雨水是一滴一滴落下的，下雨时我们看到的却是一丝丝地雨下落……这些现象都是视觉暂留造成的。

嘉嘉："以后我妈妈穿针引线的时候我就知道怎么办了！"

皮皮："能说说吗？"

嘉嘉："一定要把针立起来，而不是卧着！"

红色"滤光器"

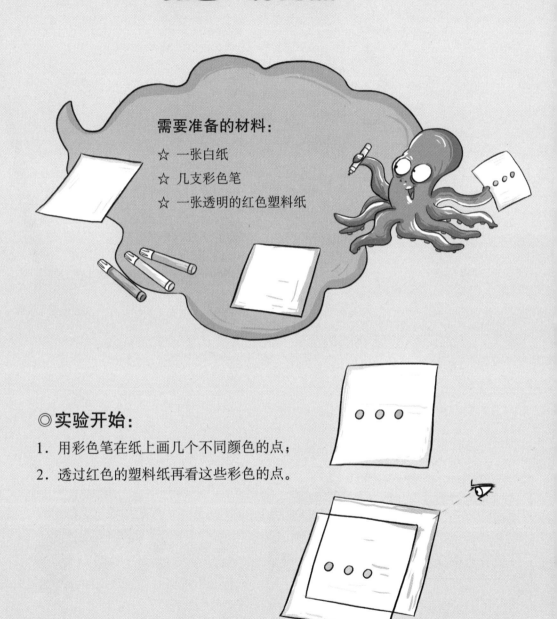

需要准备的材料:

☆ 一张白纸

☆ 几支彩色笔

☆ 一张透明的红色塑料纸

◎**实验开始:**

1. 用彩色笔在纸上画几个不同颜色的点;

2. 透过红色的塑料纸再看这些彩色的点。

◎**有趣的发现：**

你会发现，整张纸看起来好像都是红色的，而你自己只能找到那个最亮的点。

丹丹："我们一定只能看到红色！"

嘉嘉："与红光互补的色光我们也一定看不见！"

皮皮："这是什么原因呢？"

孔墨庄叔叔："其实，在这个小实验中，红色的塑料纸起的是一个小小的滤光器的作用，它只让红色的光线通过，而吸收了别的颜色的光线。同样，在聚光灯或者手电筒前放一个有颜色的滤光器，它会吸收白光中除了自身颜色的所有颜色。也就是说，被允许通过的光与这个塑料纸的颜色是相同的。"

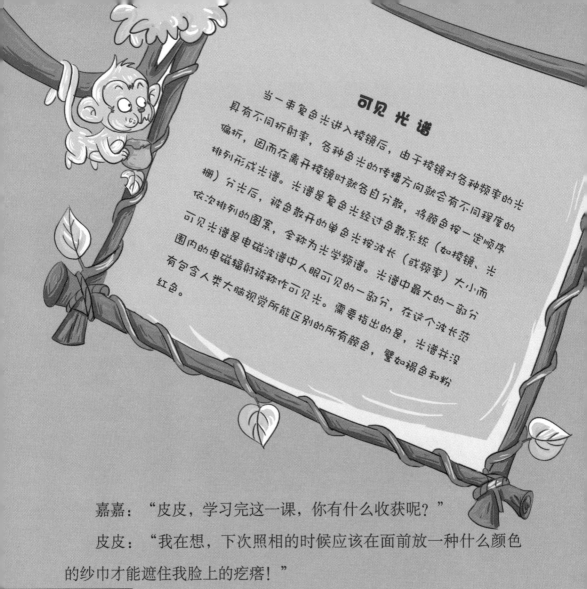

可见光谱

当一束复色光进入棱镜后，由于棱镜对各种频率的光具有不同折射率，各种色光的传播方向就会有不同程度的偏折，因而在离开棱镜时就各自分散，将颜色按一定顺序排列形成光谱。光谱是复色光经过色散系统（如棱镜、光栅）分光后，被色散开的单色光按波长（或频率）大小而依次排列的图案，全称为光学频谱。光谱中最大的一部分可见光谱是电磁波谱中人眼可见的一部分，在这个波长范围内的电磁辐射被称作可见光。需要指出的是，光谱并没有包含人类大脑视觉所能区别的所有颜色，譬如褐色和粉红色。

嘉嘉："皮皮，学习完这一课，你有什么收获呢？"

皮皮："我在想，下次照相的时候应该在面前放一种什么颜色的纱巾才能遮住我脸上的疙瘩！"

影像到哪里去了?

需要准备的材料:

☆ 一张香烟盒里的铝箔包装纸（注意包装纸一定要平整没有折痕）

◎ 实验开始:

1. 先用平整的铝箔包装纸照一照自己的脸，观察铝箔上的影像;

2. 将铝箔揉成一团后，展平备用;

3. 再用刚才展平的铝箔照自己的脸，看看这次影像有什么变化。

A

B

◎有趣的发现：

你会发现，第一次用平整的铝箔照自己的脸时，它就像是一面平整的镜子，我们能够清晰地看见自己的脸；但是用揉皱的铝箔照自己的脸时，却什么也看不到。

嘉嘉："我猜奥秘一定在揉皱了上面！"

皮皮："咦，这难道是我们用手揉脏了铝箔的原因吗？"

一旁的丹丹用肯定的眼光看着嘉嘉。

孔墨庄叔叔笑着解释说："哈哈，这是因为铝箔的光面和皱面造成了光的反射的两种不同的效果。当光线投射到一个光滑平整的平面时，这个平面能够将光线再按照原来的反射方向反射回来。而没有揉皱的铝箔正是这样一个光滑平整的光面，光线会按照原路返回来，所以我们能够在铝箔上看见一个非常清晰的自己。但是，光在揉皱的铝箔上面会发生漫反射，反射的方向会向着不同的方向，这时在铝箔上根本就没法形成一个完整的影像。"

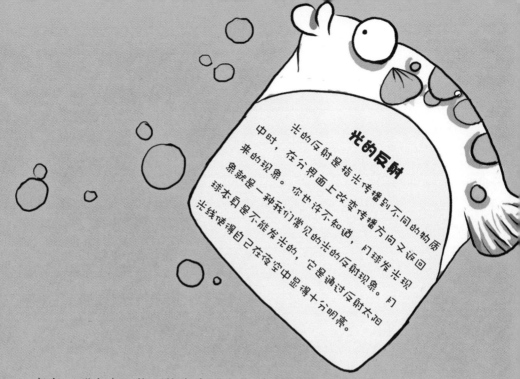

光的反射

光的反射是指光传播到不同的物质中时，在分界面上改变传播方向又返回来的现象。你也许不知道，月球发光现象就是一种我们常见的光的反射现象。月球本身是不能发光的，它是通过反射太阳光线变得自己在夜空中显得十分明亮。

嘉嘉："皮皮，你还能在生活中找到和光的反射有关的例子吗？"

皮皮："呃，呃，我能用镜子照到丹丹什么时候背着我吃零食！"

会发光的黑球

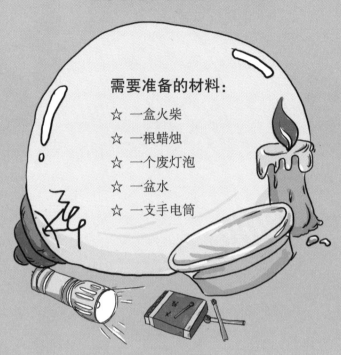

需要准备的材料：

☆ 一盒火柴

☆ 一根蜡烛

☆ 一个废灯泡

☆ 一盆水

☆ 一支手电筒

◎实验开始：

1. 用火柴将蜡烛点燃；

2. 将废灯泡放在离火焰较远的地方，将废灯泡熏黑，熏得越黑越好；

3. 将熏黑的废灯泡放在一旁冷却；

4. 将熏黑的废灯泡放在水盆中，将其完全浸没；

5. 将屋子里面的灯关掉，打开手电筒，然后调整角度，观察这个熏黑的废灯泡。

◎有趣的发现：

这时候，你会发现一个奇迹：刚才被熏得黑乎乎的废灯泡变成了一团耀眼的亮球。

皮皮："这有什么奇怪的，亮球上面的光还不是用手电筒照的吗？"

丹丹："兴许还有一些咱们不知道的奥秘！"

嘉嘉："不会是因为熏黑的原因吧？"

孔墨庄叔叔："还是嘉嘉聪明！奥秘确实在这'黑'上。你们知道吗，废灯泡上面的'黑'其实是一种叫作碳的物质。碳有吸附气体的作用，所以废灯泡的表层上吸附了薄薄一层空气。当我们把废灯泡放在水中的时候，空气薄层就会把水和球体隔开。当光线从水中射向空气薄层的时候，只要入射角够大，光线就会发生全反射，所以看起来这个'黑球'就非常耀眼。"

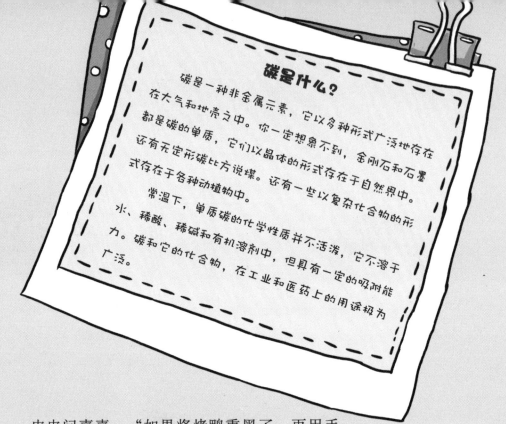

碳是什么？

碳是一种非金属元素，它以多种形式广泛地存在在大气和地壳之中。你一定想象不到，金刚石和石墨都是碳的单质，它们以晶体的形式存在于自然界中。还有无定形碳比方说煤。还有一些以复杂化合物的形式存在于各种动植物中。

常温下，单质碳的化学性质并不活泼，它不溶于水、稀酸、稀碱和有机溶剂中，但具有一定的吸附能力。碳和它的化合物，在工业和医药上的用途极为广泛。

皮皮问嘉嘉："如果将烤鸭熏黑了，再用手电筒照着会出现什么情况呢？"

嘉嘉吃吃地笑着说："有的时候我真的很佩服你。"

皮皮得意一笑："真的吗，你佩服我哪里呢？"

嘉嘉说："任何事情你总是能轻易地跟食物拉上关系，哈哈！"

镜子里的电视机

需要准备的材料:

☆ 一面镜子

☆ 一台电视机

☆ 电视机遥控器

◎实验开始:

1. 用遥控器对着电视机,发现电视的频道和声音等会随着按下遥控器而变化;

2. 站在放有电视机的屋子外面,将镜子调好角度放在那里,使得电视机出现在镜子当中。

◎有趣的发现：

用遥控器对准镜子里面的电视机，按下遥控器，你会发现自己还是可以随意地换台，操纵电视机。

皮皮："明明没有将遥控器对准电视机啊！"

丹丹："是呀，平时我要是不将遥控器对准电视，它可是不会这么'听话'的！"

嘉嘉斜眼看了一眼镜子："难道是镜子在作怪？"

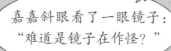

孔墨庄叔叔微笑着点点头："先听我来讲讲遥控器是怎么控制电视的。事实上，遥控器能够发射出一些我们的肉眼看不见的红外线，电视机里的光探测器可以接收这种信号，电视就会'乖乖听话'，在遥控器的'指挥'下变换频道。当我们用遥控器对准镜子的时候，红外线的光束被镜子反射回来，这样，它发出的红外线信号也会被镜子反射，而后又被电视机中的光探测器捕捉到，所以电视机还是会很'听话'地换台的！"

用途广泛的红外线

红外线是太阳散发出的光线，是人们看不见的一种光线，它还有个名字叫"红外热辐射"。在我们的日常生活中，红外线可是个宝，用途是很大的。红外线夜视仪、监控设备、手机的红外线口、汽车的遥控器和公共厕所里的自动感应洗手池，处处都有它的身影。

皮皮说："利用这个红外线原理，我又发明了很多魔术！"

丹丹好奇地说："快给我讲讲吧！"

皮皮回答道："我对着公共厕所镜子里的洗手池洗手，那边的池子也会自动流水了！"

丹丹一听，笑着说："这算什么魔术啊，不就是你在洗手，然后镜子把你和洗手池的状态都给反射了嘛！"

喜欢回家的小鸟

需要准备的材料：

☆ 一个鸟笼子

☆ 一只玩具小鸟

◎**实验开始：**

将自己的鼻梁对准笼子和鸟中间的地方，用左右眼睛分别去看笼和鸟，然后让自己逐渐靠近笼子和鸟。

◎有趣的发现：

当移到一定距离时，你就会感觉到飞鸟渐渐向笼子移动，最后飞到笼里。

嘉嘉："真是很奇妙！这是为什么呢？"

丹丹："如果我们用双眼死死地盯着看，根本看不到小鸟进笼的现象啊！"

皮皮："这个跟我们看一根手指头然后成了'对眼'是一个道理吧？"

孔墨庄叔叔回答说："这种现象在生理学中叫'双目视觉效应'，它是由于我们的眼睛紧盯一个物体时，时间久了产生了两个图像引起的。如果我们在纸板的一面画上鸟笼，另一面画上小鸟，不停地转动纸板，也会感到小鸟就在鸟笼子里了。"

眼睛对颜色的奇怪敏感度

如果我们在阳光下长时间盯着红色看，这个时候，自己的眼睛就不会对红色敏感了。

当你再看白纸的时候，对白纸表面反射出来的白光中的红光已经感觉不到了，但眼睛对其他的六种光：橙、黄、绿、青、蓝、紫所组成的复合光却能感觉到，所以在白纸上会看到蓝色。同样，长期盯着蓝色看后再看白纸则能看见橙黄色；长期盯着绿色看再看白纸能看见紫红色；长期盯着黄色看后再看白纸能看见紫蓝色，等等。

嘉嘉拿着两枚硬币死死地盯着看。

皮皮叫他："喂，你呆呆地看着它做什么？"

嘉嘉："如果我用视觉效应看出了更多的硬币，今晚一定会睡个好觉，要不总是梦见卖变形金刚的叔叔将我赶出门！"

"淘气" 的小水滴

需要准备的材料:

☆ 一段细铁丝

☆ 一支水性笔芯

☆ 一小碗清水

☆ 一张写着字的纸

◎ **实验开始:**

1. 把一段细铁丝在水性笔芯上绕两圈;

2. 然后把铁丝圈伸进清水里蘸一下;

3. 将沾上水的铁丝圈放在字上观察。

◎有趣的发现：

纸上的字迹明显变大了，轻轻地弹一弹铁丝，让圈里的水掉出来一些后再观察，会发现字比原字小了些。

嘉嘉："哇，真是一滴神奇的水！"

皮皮撇撇嘴："不是还有'滴水石穿'这个词吗？"

丹丹："我明白了，小水滴变成放大镜和缩小镜了！"

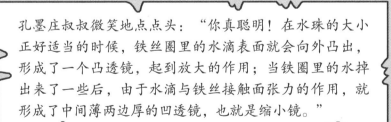

孔墨庄叔叔微笑地点点头："你真聪明！在水珠的大小正好适当的时候，铁丝圈里的水滴表面就会向外凸出，形成了一个凸透镜，起到放大的作用；当铁圈里的水掉出来了一些后，由于水滴与铁丝接触面张力的作用，就形成了中间薄两边厚的凹透镜，也就是缩小镜。"

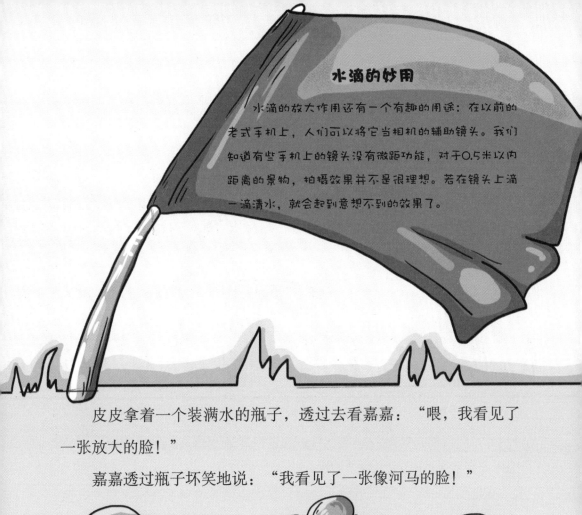

水滴的妙用

水滴的放大作用还有一个有趣的用途：在以前的老式手机上，人们可以将它当相机的辅助镜头。我们知道有些手机上的镜头没有微距功能，对于0.5米以内距离的景物，拍摄效果并不是很理想。若在镜头上滴一滴清水，就会起到意想不到的效果了。

皮皮拿着一个装满水的瓶子，透过去看嘉嘉："喂，我看见了一张放大的脸！"

嘉嘉透过瓶子坏笑地说："我看见了一张像河马的脸！"

能轻易到手的望远镜

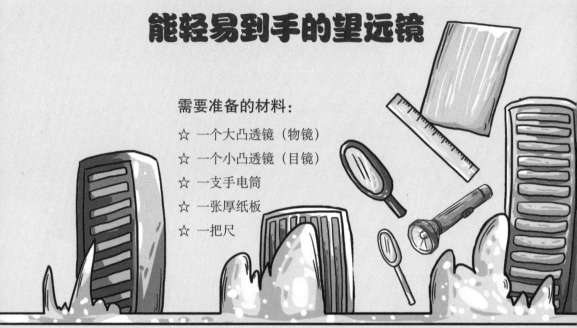

需要准备的材料：

☆ 一个大凸透镜（物镜）

☆ 一个小凸透镜（目镜）

☆ 一支手电筒

☆ 一张厚纸板

☆ 一把尺

◎实验开始：

1. 将大凸透镜（物镜）固定，在透镜后方放置一纸片，用手电筒照射透镜，并移动纸片观测透镜的焦点；

2. 重复步骤一，将大凸透镜（物镜）换成小凸透镜（目镜），观测透镜焦点；

3. 将厚纸板制成适当大小的纸筒和小槽；

4. 用胶水把两块镜片和小槽装在硬纸筒内，然后再找个能作底座的物品将望远镜固定住；

5. 用自制的望远镜观看尺子的最小格线（0.1cm），移动尺与望远镜之间的距离，观察最远可辨识的尺子最小格线的距离。

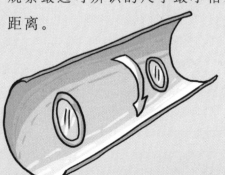

◎**有趣的发现：**

这时候从自制的望远镜中发现，刚才尺子上的最小格线比原格线放大了几倍。

嘉嘉："以后我们再也不用愁没有自己的望远镜了！"

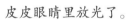

皮皮眼睛里放光了。

丹丹迫不及待地问道："快给我讲讲这个望远镜的原理吧！"

孔墨庄叔叔笑眯眯地说："在这个望远镜里，两块透镜各有各的作用：物镜是汇聚透镜，而目镜是发散透镜。当光线经过物镜折射所成的实像形成在目镜后方的焦点上时，这像对于目镜是一个倒立的虚像，因此经它折射后形成了一个放大的正立虚像。"

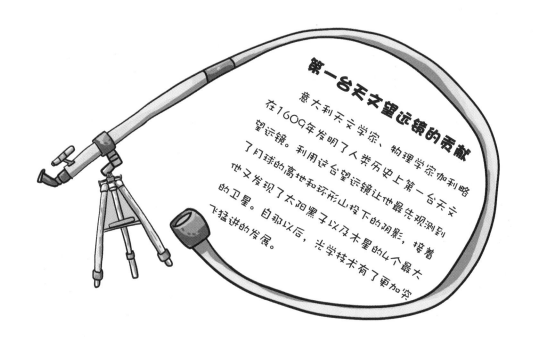

第一台天文望远镜的贡献

意大利天文学家、物理学家伽利略在1609年发明了人类历史上第一台天文望远镜。利用这台望远镜让他最先观测到了月球的高地和环形山投下的阴影，接着他又发现了太阳黑子以及木星的4个最大的卫星。自那以后，光学技术有了更加突飞猛进的发展。

皮皮戴上奶奶的老花镜开始吃冰淇淋。

丹丹："你别把冰淇淋吃到鼻子孔里去！"

皮皮："我看到我的冰淇淋变大了，哈哈，这样我会觉得自己多吃了一些！"

不沿直线也能"走"的光

需要准备的材料：

☆ 一把剪刀

☆ 一把小刀

☆ 两个牙膏盒

☆ 两块镜子

☆ 一卷透明胶

☆ 一卷双面胶

◎ **实验开始：**

1．将一个牙膏盒从中剪开；

2．在剪开的牙膏盒中装入镜子，镜子与盒壁成45°夹角，用双面胶和透明

胶固定牢固；

3．在另一个牙膏盒上面剪一个洞；

4．将两个牙膏盒拼插在一起，一个潜望镜就做好了。

◎ 有趣的发现：

从牙膏盒的一端往里面看，会发现，虽然牙膏盒的开孔不在一条直线上，但是还是能看到另一端开口外的东西。

嘉嘉："光线已经到了我们用肉眼看不到的另一面！"

皮皮好奇地问："这真是太奇怪了，光不是沿直线传播的吗？"

丹丹："奥妙到底在哪里呢？"

孔墨庄叔叔语说："光沿直线传播是不变的真理，但是光经过固体、液体或者是气体时都会发生折射，我们刚才看到的弯曲的光，就是光折射后的现象了。"

哈勃空间望远镜

哈勃空间望远镜，是以一位名字叫作哈勃的伟大科学家命名的。它在地球的大气层上，在固定轨道上环绕着地球。这台望远镜连被臭氧层吸收的紫外线都能观测到。哈勃空间望远镜于1990年发射之后，已经成为天文史上最重要的仪器之一，是科学家对光学望远镜的一个突飞猛进的创新应用。

皮皮和嘉嘉正在交谈。

皮皮："如果光能够发生折射的话，我在老鼠的洞边上放一块镜子，天天用手电筒照射，它们就该不得安宁了！"

嘉嘉小声自言自语："学会了实验原理的皮皮真可怕，我以后都不敢背着皮皮在角落里和丹丹偷吃零食了！"

会拐弯的光线

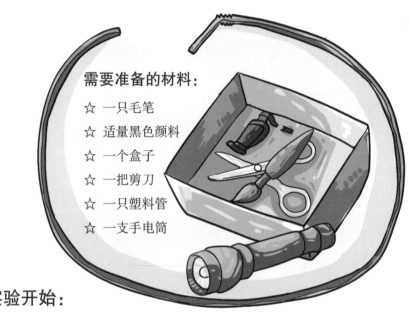

需要准备的材料：

☆ 一只毛笔

☆ 适量黑色颜料

☆ 一个盒子

☆ 一把剪刀

☆ 一只塑料管

☆ 一支手电筒

◎实验开始：

1．先用毛笔蘸上黑色颜料，把盒子的里面和外面全部涂黑；

2．等颜料干了以后，在盒子的一侧用剪刀剪一个小洞，洞的大小与塑料管的粗细接近；

3．在刚才剪的小洞处插上一根塑料管；

4．把塑料管的一端留在外面一小段；

5．检查一下刚才的小洞，如果没有完全被堵住的话，再找些橡皮泥堵住这个小洞；

6．找一间屋子，拉上窗帘，关上电灯，打开手电筒，通过外面的管子向盒子里面照射灯光。

◎有趣的发现：

你会发现，此时的光线不是沿直线走的，它已经弯曲了！

皮皮："真是太神奇了，光不是沿直线传播的吗？"

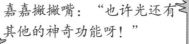

嘉嘉撇撇嘴："也许光还有其他的神奇功能呀！"

丹丹："我只知道光能够折射，难道这里也是因为光的折射吗？"

孔墨庄叔叔："还是让我来解释吧！在这个实验里，运用的是光的全反射原理。光线从一种透明物质射到另一种透明物质的时候，一部分光线会发生折射，而另一部分则会发生反射。入射角越大，与其相应的折射角也就会越大。但当入射角大于九十度时，光就不会再发生折射了，所有的光线全都会反射。光线就是通过这个原理在这个管子里传播的，它们不会射向空气，这样，光线也就只能随着塑料管弯曲了。"

纽扣的出现与消失

需要准备的材料：

☆ 一枚纽扣

☆ 少许水

☆ 一个浅底盘

☆ 一个玻璃杯

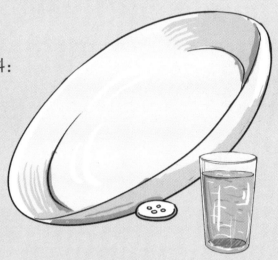

◎实验开始：

1. 将纽扣放在盘中；

2. 杯子杯口朝上，压在纽扣上；

3. 往杯内倒入清水。

◎有趣的发现：

你会发现，注入水后的杯子看不清纽扣；加些水到盘子里，可以看得见纽扣。

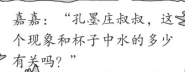

皮皮揉揉眼睛："好像在别的地方我也见过这种现象！"

嘉嘉："孔墨庄叔叔，这个现象和杯子中水的多少有关吗？"

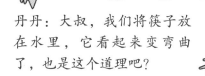

丹丹：大叔，我们将筷子放在水里，它看起来变弯曲了，也是这个道理吧？

孔墨庄叔叔："丹丹，怎么不把话说完呢？没错，这个实验用的是光的折射原理。当我们向杯子里慢慢地倒进水时，由于光线的折射，纽扣的影像就会消失；把水再加入盘子时，光的折射角度被改变了，纽扣的影像就会重新出现。"

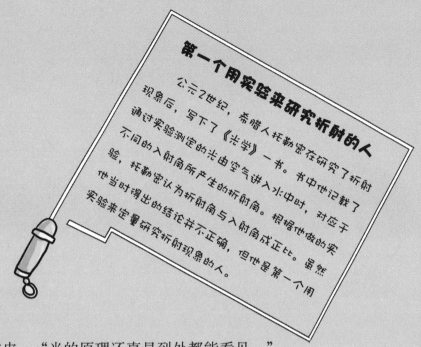

第一个用实验来研究折射的人

公元2世纪，希腊人托勒密在研究了折射现象后，写下了《光学》一书。书中也记载了通过实验测定的光由空气进入水中时，对应于不同的入射角所产生的折射角。根据他做的实验，托勒密认为折射角与入射角成正比。虽然他当时得出的结论并不正确，但他是第一个用实验来定量研究折射现象的人。

皮皮："光的原理还真是到处都能看见。"

嘉嘉："此话怎讲？"

皮皮："怪不得我妈妈在厨房里面做饭也知道我在外面玩电脑！"

奇怪的单眼脸

需要准备的材料:

☆ 一面镜子

☆ 一本书

◎ **实验开始:**

1. 对着镜子,鼻梁前放一本书,把左右两眼隔开;

2. 盯着镜中的眼睛一直看。

◎有趣的发现：

不一会儿，你会发现，你能从镜子中看见一张很奇怪的脸——单眼脸，脸上只有一只眼睛，而且长在脸的中间。

皮皮："哎呀，那样我们不是就成了对眼了？"

嘉嘉："这是一种错觉吗？"

丹丹："孔墨庄叔叔，这到底是为什么啊？"

孔墨庄叔叔："事实上，人的双眼能接受两个影像，两个影像到了大脑以后，就自然地重叠起来了。现在，我们左右两眼的视野一旦被隔开，两眼的视线就平行了，左眼只能看到左眼的影像，右眼只能看到右眼的影像，当这两个影像重叠在一起时，我们就感觉到只有一只眼睛了。"

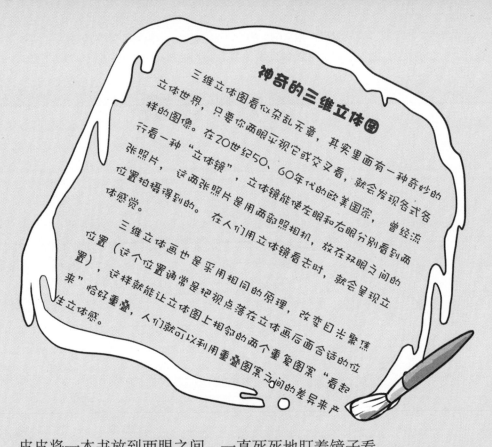

神奇的三维立体图

三维立体图看似杂乱无章，其实里面有一种奇妙的立体世界，只要你两眼平视它或交叉看，就会发现各式各样的图像。在20世纪50、60年代的欧美国家，曾经流行看一种"立体镜"，立体镜能使左眼和右眼分别看到两张照片，这两张照片是用两部照相机，放在双眼之间的位置拍摄得到的。在人们用立体镜看去时，就会呈现立体感觉。

三维立体画也是采用相同的原理，改变目光聚焦位置（这个位置通常是把视点落在立体画后面合适的位置），这样就能让立体图上相邻的两个重复图案"看起来"恰好重叠，人们就可以利用重叠图案之间的差异来产生立体感。

皮皮将一本书放到两眼之间，一直死死地盯着镜子看。

嘉嘉："喂，你在搞什么名堂啊？"

皮皮："我觉得即使只有一只眼睛，我依然那么帅气，想多欣赏一会儿！"

反光的硬币

需要准备的材料：

☆ 一个茶杯

☆ 适量水

☆ 一枚硬币

◎ **实验开始：**

1. 将一枚硬币放在茶杯里的靠边处；

2. 将茶杯放在光线能斜照到的地方，让杯壁的阴影正好遮住硬币；

3. 在茶杯中注满水，观察此时硬币的情况。

◎有趣的发现：

你会发现，杯壁的阴影不再遮住硬币了，光线照在了硬币上，闪闪发光。

嘉嘉："这也是折射原理吗？"

皮皮："移动下茶杯不是更省事吗？"

丹丹："看来，光的性质能让我们做很多有趣的小实验。"

孔墨庄叔叔："是呀，这时候硬币上的光线其实是光折射进入水以后的结果。光线射在水面上的时候，就不会再走直线了，而是向下弯折的前进。根据这个原理，我们就能看见被遮住的硬币了。"

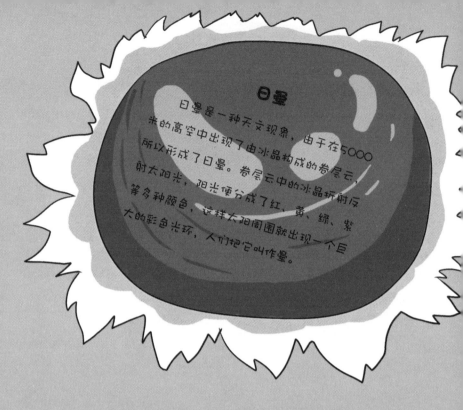

日晕

日晕是一种天文现象，由于在5000米的高空中出现了由冰晶构成的卷层云，所以形成了日晕。卷层云中的冰晶折射反射太阳光，阳光便分成了红、黄、绿、紫等多种颜色，这样太阳周围就出现一个巨大的彩色光环，人们把它叫作晕。

皮皮用肥皂泡了一些水，然后拆了自己的一根油笔，用油笔筒开始吹泡泡。

丹丹："皮皮，你怎么有闲心吹泡泡啊？"

皮皮："哈哈，我在用利用光的原理，制造肥皂泡上的彩虹啊！"

自制水滴显微镜

需要准备的材料：

☆ 一面凸透镜

☆ 一支滴管

☆ 一个废录音带盒

☆ 适量清水

☆ 一张白纸

☆ 一支红色彩笔

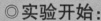

◎实验开始：

1．在废录音带盒上用滴管滴一滴清水，使其形成小水珠；

2．在白纸上用红色的彩笔画一个红箭头；

3．调整水滴与红箭头之间的距离或水滴的大小，确保透过这个水滴能成一个与原来方向相反的、放大了的箭头；

4．用放大镜作为目镜观看小水滴下方的红箭头，边观察边微微调节目镜的位置。

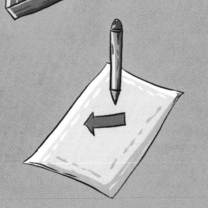

你会发现，红箭头被放大成很大的像。

皮皮："我的放大镜绝对不可能有这么好的效果！"

嘉嘉："显微镜原来是两块凸透镜的叠加啊！"

丹丹："显微镜成像的原理是怎样的呢？"

孔墨庄叔叔："在这个实验里，小水滴相当于一块凸透镜，它可以作为显微镜的物镜，被观察的物体通过小水滴得到放大的实像，而目镜也是一块凸透镜，它相当于放大镜，得到放大的虚像。"

凸透镜

凸透镜的诞生，是由光的折射原理制成的。它是一种中间厚、边缘薄的透镜，能够将光线聚集到一点。物体离得越远，像距越大，实物也就越大。因此，我们常见的望远镜就是利用凸透镜制成的。

皮皮："以后我不用再去实验室用显微镜观察东西了！"

丹丹不解地问："那你要用什么呀？"

皮皮："直接用两个小水滴叠在一起不就行了！"

自行车尾灯之谜

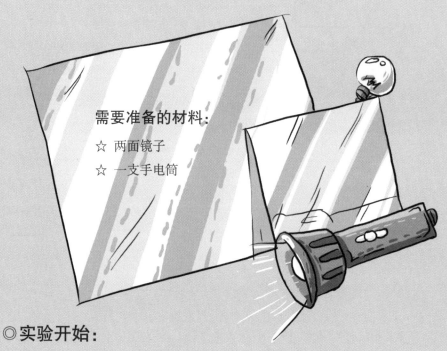

需要准备的材料：

☆ 两面镜子

☆ 一支手电筒

◎实验开始：

1. 拿两面镜子，使它们互成90°夹角，这样组成一个偶镜；

2. 把偶镜立在小柜子上，让镜子距地面的高度跟你眼睛距地面的高度相同；

3. 打开手电筒，让光线水平地射到偶镜上。

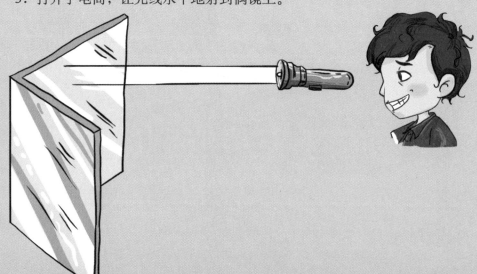

◎有趣的发现：

你会发现，手电筒中的光线反射到你的眼睛中了。

嘉嘉："这个光线是怎么来的呢？"

皮皮："又是一个神奇的现象！"

孔墨庄叔叔："哈哈，在这个小实验中，不管手电筒的光沿什么方向射向镜面，只要使光线保持水平，反射光线就总是逆着原来的方向反射回来。"

自行车尾灯

　　自行车后面装着一个红色的尾灯，里面没有灯泡，它的本领是不管入射光从哪个角度射来，它的反射光都能逆着原方向反射回去。

　　自行车尾部安上它，后面的汽车灯光照在它上面，司机看上去特别耀眼，就引起了司机的注意，避免汽车撞上。

皮皮："自行车尾灯给了我很多对科学的幻想！"

嘉嘉："你又有什么鬼主意啦？"

皮皮："给狗狗脖子上挂一个，避免它们被汽车撞了！"